FOOD DICTIONARY

Sophistication and Knowledge of Food
for Gourmand.
The Pleasures of the Table!!

紅茶

The Basic of

TEA

書中店家與商品相關資訊，以2017年4月初版之時點為參。

CONTENTS

FOOD DICTIONARY | TEA

紅茶世界入門

TREND STORY

品嘗美味紅茶的方法

近年來喝紅茶蔚為一股風潮，
瞭解紅茶的沖泡與品味方法、流行趨勢，
將使人更著迷於紅茶的世界。
透過本章，
知名調茶師熊崎俊太郎要帶來品嘗美味紅茶的獨門祕訣。

攝影＝岡崎健志　場地提供＝東京第一飯店

瞭解差異，更能體會紅茶的樂趣！

喝出茶葉本質的
錫蘭混合茶

極度單純的錫蘭混合茶是多數人都會喜歡的味道，大家不妨以自己的生活型態與喜好，從眾多品牌中挑選適合的來品嘗。

伯爵茶
是分辨品牌差異的關鍵

伯爵茶與大吉嶺同為紅茶的主流，是少數同時具備放鬆與提神作用的茶葉。透過品嘗比較，可以發現各個品牌伯爵茶的不同個性與目的。

能展現調茶師個性的紅茶
逐漸成為市場焦點！

熊崎俊一郎的自創紅茶品牌「Les Feuilles Bleues」裡，有一款名為「SNOOTEA」的限定款商品。這是一款蘋果茶，帶有非常適合搭配蘋果派的玫瑰花香。各位在挑選紅茶時，不妨將焦點放在「調茶師」身上，也是一種樂趣。

TEA

熊崎俊太郎
Kumazaki Shuntarou

調茶師。曾任職於紅茶專賣店及紅茶進口商，後自創品牌「Les Feuilles Bleues」，負責商品開發與紅茶教室顧問等工作，廣泛活躍於紅茶的各領域。
http://www.feuillesbliues.com

熊崎流的紅茶沖泡法

負責各種紅茶開發的調茶師熊崎俊一郎，親授紅茶的沖泡方法，
讓新手也能輕鬆享受美味紅茶。

Point 1

確實區分
「萃取」與「倒茶」

萃取紅茶時以手鍋最為方便，除了可以將茶葉迅速倒入熱水中，也便於觀察掌握茶葉在萃取過程中的變化，例如萃取尚未完成時茶葉會浮在水面，萃取完成後茶葉會沉入水底等。當茶湯散發出想要的香氣與茶色時，這時不要直接將茶倒入茶杯中，而是先倒進茶壺裡，並同時以茶濾過濾掉茶葉。這才是熊崎流的作法。

Point 2

萃取溫度
盡可能高溫

紅茶的美味關鍵，決定於萃取時熱水溫度下降至 80℃為止的 2 分鐘內。換言之，一開始熱水的溫度若太低，水溫很快就會下降至 80℃，將無法完整萃取出茶葉原本的風味。因此，祕訣就是以將近 100℃的熱水來萃取茶湯，用這種方法來沖泡紅茶，幾乎不會失敗。

紅茶 可以給人幸福快樂的感受

熊崎先生無論在調配茶葉、萃取紅茶或品味紅茶時，臉上總是充滿著幸福，正如他所說的：「紅茶真的可以讓人感到幸福。」說到他踏入紅茶領域的契機，可以追溯到他的小學時代。

「一開始只是單純喜歡紅茶的味道，上國中之後，每到咖啡店我都會點紅茶來喝。我還記得當時只要喝到特別講究用心的紅茶，就會感到

Point 3

配合季節
選用不同茶器

圖片中為熊崎先生的愛用茶杯，用途各有不同，由右順時針方向分別是「NIKKO」的純白茶杯，是品味純紅茶風味的專用杯；友人自雲南買回來的伴手禮──香料茶杯，用來品嘗香料茶；身體狀況不好時使用的「Richard Ginori」小咖啡杯；與甜點一起品嘗時則使用「瑋緻活」（WEDGWOOD）的茶杯。

Point 4

這種茶包很方便！

茶香散發之前的掌控
很重要

關於萃取茶湯，熊崎先生在25年前左右就開始使用尼龍布製的三角立體茶包。這種茶包萃取出來的茶湯不容易產生雜味，茶葉可以充分展開，使萃取過程進行得更順利，是非常好的一種設計。茶包取出後不急著丟棄，可以提高至茶壺上方，靜待最後濃縮了所有美味精華的「黃金滴」（golden drop）完全落下為止。

Point 5

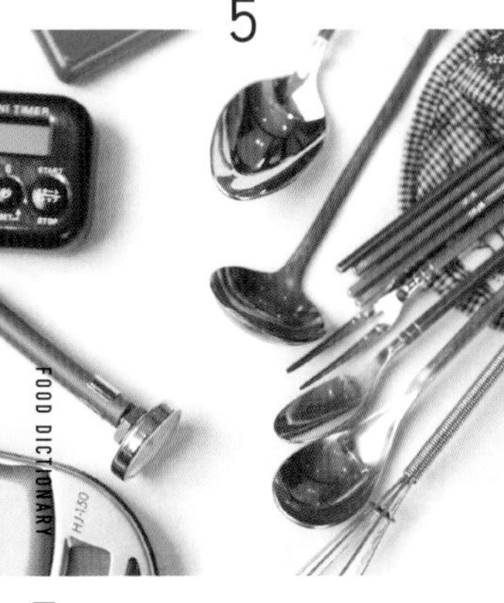

熊崎流
必備茶具

熊崎先生總是隨身攜帶紅茶沖泡的用具，照片中由右順時針方向依序是各種茶匙、調配茶葉用，可測量至0.1公克的電子秤、溫度計、萃取茶湯時的計時器，以及測量茶杯大小的捲尺。

很放鬆、很舒服。」

之後，他與紅茶之間有了更進一步的認識。

「大學時我開始在各地企劃舉辦茶會，當時發現喝紅茶可以讓人感到開心，所以我就決定繼續往紅茶的領域研究下去了。」

只要泡上一杯紅茶，就能讓人感受到幸福，包含他自己在內。

「我認為最重要的是萃取茶湯的過程，這關係到如何釋放出茶葉蘊藏的美味精華。前置準備也必須考量到『5分鐘之後』的狀況，這一點也很重要，因為泡茶必須配合當時的情境與對象才行。」

在講究「味道」的當代個性派紅茶相繼出現

紅茶不僅會讓人感受到幸福，更有益健康，而且與任何一種飲食文化都很契合。不過對剛開始接觸紅茶的人來說，如何從阿薩姆、錫蘭、大吉嶺等眾多茶葉中挑選適合自己的種類，或者應該從時下流行的茶款開始嘗試，實在令人十分困惑。為此，熊崎先生特地為大家分析了自古至今紅茶的趨勢演變。

「從近幾年來的主要變化來看，各種茶之間的界限已經不再存在了。另一個重點，則是大家開始回歸到追求紅茶本身的味道。」

的確，在過去，綠茶、中國茶、紅茶等各種茶之間存在著非常明確的區分，但現在就像超商飲料架上所呈現的一樣，各種茶葉混合調配而成的茶品琳瑯滿目，而且都非常受歡迎。另一方面，或許是為了反抗這股潮流變化，講求紅茶本味的商品也同樣受到矚目，例如萃茶（teapresso，使用義式咖啡機以高溫高壓方式萃取濃縮紅茶）與原味茶（single origin tea，不經混合的單品茶）。簡單來說，二十一世紀之後，市場上已經掀起了一股探究「紅茶到底是什麼？」的潮流。除此之外，從環境與健康為出發點的有機茶和機能茶也是不容忽視的趨勢之

今後的紅茶趨勢？

閉上雙眼，集中注意力品味紅茶的香氣與味道。「紅茶沒有所謂正確的沖泡方式，只有最適合當下的方法。」熊崎先生說道。

一。

近來，迎合日本人的紅茶偏好與日本水質而生產的日本國產紅茶，在紅茶迷之間蔚為一股話題。

「日本國產紅茶現在或許還不是很普遍，但已經逐漸成為一種新的茶種了。以我來說，目前比較感興趣的是靜岡縣小栗農園所生產的紅茶。」

身為一名調茶師、研發調配各種紅茶的熊崎俊太郎預測，今後，能多元提供各種茶款的店家將會是一大主流。

「明顯展現選茶者獨特個性的店家，接下來應該會愈來愈受到市場青睞。這種趨勢連帶也會帶動更多人開始追求自己真正喜愛的紅茶。」

「除了萃取方法與茶葉份量的拿捏之外，也必須深入思考並重視前置階段調配茶葉的部分。」因此熊崎俊太郎自稱是調茶師。

DATA

東京第一飯店 大廳酒吧

第一ホテル東京　ロビーラウンジ

地址／東京都港區新橋 1-2-6 東京第一飯店 1F
TEL ／03-3501-4411（代表）
營業時間／9:00 ～ 21:00（L.O.20:30）、
週六、日、例假日 10:00 ～ 20:00（L.O.19:30）
※ 如遇大廳舉辦活動則暫不開放
定休／無

東京第一飯店「大廳酒吧」用來搭配季節限定甜點的紅茶，便是由熊崎俊太郎負責調配提供。大吉嶺、錫蘭、伯爵茶則屬於固定菜單，隨時供應。

熊崎俊太郎特選紅茶

©Peanuts

SNOOTEA

從小就十分喜愛史努比的熊崎先生，以和劇中主角共進下午茶為發想設計出這項茶款。

Harmonie PAVANE

「Harmonie」系列是品牌「Les Feuilles Bleues」的頂級茶款，其中這款「PAVANE」的特色是具有果香，適合作為贈禮。（10包入）

Les Feuilles Bleues Parfait Amour

以日本風土為基準調配而成的茶款，有著香草與柑橘的浪漫香氣。（10包入）

客服／Les Feuilles Bleues
TEL ／03-5466-0038　http://www.feuillesbleues.com

lity of a tea-leaf

瞭解茶葉的特色

紅茶世界入門

紅茶的味道與香氣事實上取決於許多因素，包括茶葉產地、採收時期、茶葉等級、調配比例與添加的風味等。接下來就讓我們一起透過瞭解紅茶的種種，學習如何依據當天心情，或一起搭配食用的料理及甜點，挑選出最適合的紅茶。

CONTENTS

The individua

basic of tea

從紅茶與綠茶的差異說起

紅茶基本常識

紅茶、綠茶、烏龍茶原本都是出自同一種茶樹，
但為什麼最後味道與香氣會有如此大的差異？
透過探究紅茶的根本，讓我們一同深入品味「茶」的故事。

監修＝磯淵 猛

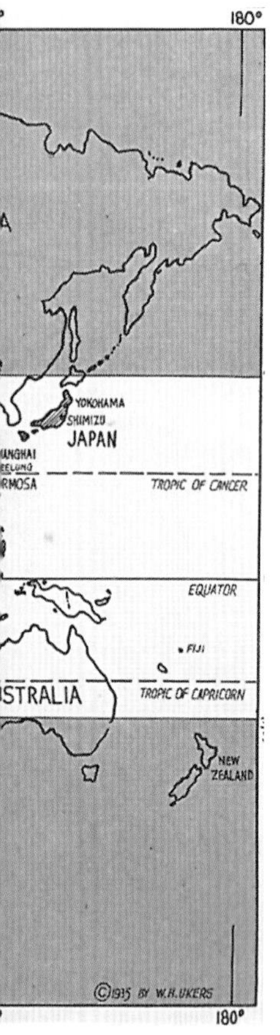

紅茶產地與茶馬古道

左圖為1930年的世界茶葉產區地圖。茶葉發源自中國，之後經由稱為「茶馬古道」（Tea Road）的路徑流傳至世界各國，最後落地生根。日本的飲茶文化一般認為始於約９世紀的平安時代初期，由當時的遣唐使從中國帶回茶葉。之後，透過連結東西方貿易交流的絲路，以及近世的海上貿易，茶葉也跟著在歐美大陸逐漸普及。後來英國才發展出紅茶文化，進而流傳至全世界。

綠茶與紅茶同樣都來自「茶樹」

「紅茶樹」真正的學名是「*Camellia sinensis*」，也就是茶樹，是一種山茶科的常綠木。事實上，這種樹不只生產紅茶，同時也是綠茶與烏龍茶的原料。聽到這裡，應該很多人都會感到驚訝吧！雖然同樣來自茶樹，但這三種茶葉確實有著各自不同的香氣與味道，究竟這差異是如何產生的呢？答案是製茶的方法不同。簡單來說，就是發酵的程度。茶葉的發酵程度會影響茶的味道與香氣，以日本綠茶來說，是完全不經過發酵的茶葉（不發酵茶），紅茶則是將茶葉完全發酵製成，藉此產生獨特的味道（全發酵茶）。烏龍茶正好介於兩者之間，只使茶葉發酵到一半就算完成（半發酵茶）。發酵程度的差別，以及茶樹生長地區的氣候與採茶方式等，都會影響到紅茶味道的澀、苦、甜之間的口感比例。

茶的原產地在中國，一般認為是在現在雲南與西藏一帶的高原山區，或是東南部山區。一般對茶樹的印象可能跟現在的日本茶樹一樣長得比較低矮，但較高大的也有超過十公尺的茶樹。不過茶樹太高

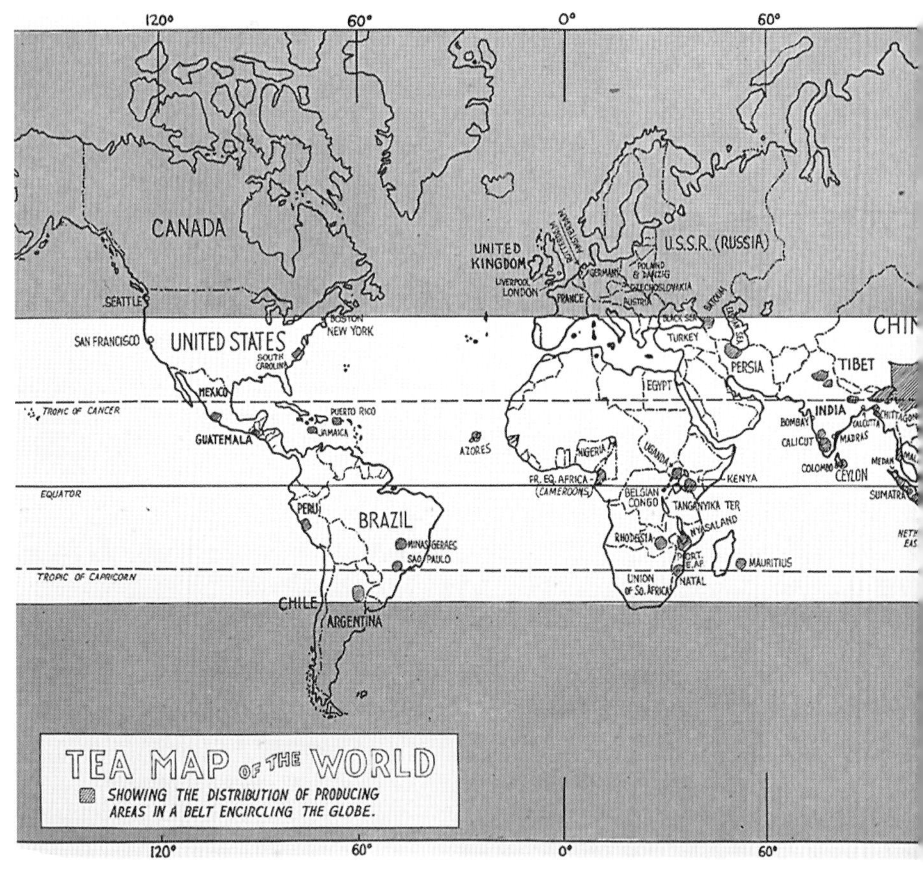

不易採收，因此大部分都會定期修剪，維持較矮的高度。

茶樹大致可以區分為印度種與中國種，印度種的茶樹又稱為阿薩姆種，特色是葉片較大，前端較尖。這種茶樹正如其名，廣泛栽種在阿薩姆地區及尼爾吉里(Nilgiri)、斯里蘭卡(Sri Lanka)等知名紅茶產區。許多上等紅茶都是出自阿薩姆種的茶樹。

中國種的茶樹比阿薩姆種的葉片小，前端呈圓形，是特色之一。葉子的顏色也比較深，相較之下阿薩姆種的葉子呈現淡綠色。中國種茶樹最知名的產區是印度的大吉嶺，以及中國的祁門。

再簡單說明茶的歷史。茶樹栽種一般認為始於西元四世紀，到了唐代時成為上流社會的嗜好品而流傳開來，後來才藉著絲路傳至西藏、中近東及印度等地。日本也在遣唐使的媒介之下傳入茶葉。十七世紀，荷蘭商人在歐洲掀起了一股喝茶的風潮，他們從有貿易往來的日本帶回了綠茶，使得荷蘭的貴族之間開始流行喝茶，後來甚至還延燒到英國。到了十八世紀中期，紅茶取代了綠茶成為大受歡迎的茶種，就連美國也有愈來愈多人喝起紅茶，從此，紅茶文化開始進入繁榮興盛的時代。

兩大製茶原料茶樹

Raw materials of tea

1 2 3

1）茶樹栽種的環境決定了茶的風味，有些茶園坐落於丘陵地，有些則散布在茶樹高度呈一致的平地。2）生產紅茶的國家都具備各種工廠設備，以因應各種不同製茶的需求，例如照片中即為生產顆粒狀（CTC茶）紅茶的機器。CTC加工茶沖泡時萃取速度較快，因此大多用來製成茶包。3）在斯里蘭卡紅茶主要產地汀普拉（Dimbula）有一處紅茶研究中心，負責茶樹病蟲害防治對策及新品種的研發等。

raw materials | **01**

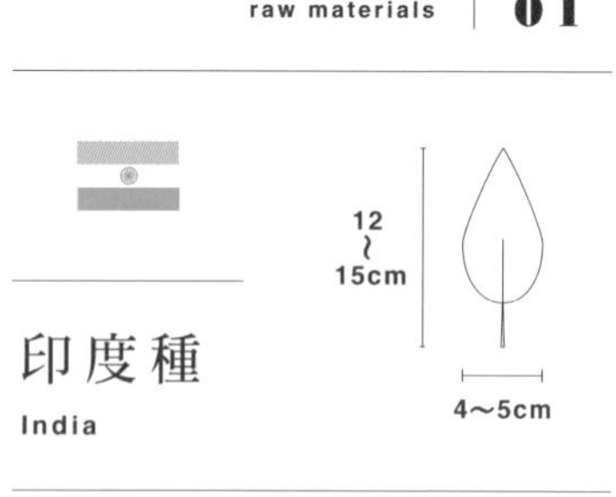

印度種

India

又稱為阿薩姆種，最適合製成紅茶。葉片長度大約是中國種茶樹的2倍，表面凹凸粗糙，纖維較粗。葉片呈淡綠色，前端較尖。無法於寒帶地區栽種，主要生長在熱帶，藉由豔陽的照射產生單寧，是紅茶獨特的澀味成分。

茶葉分類表

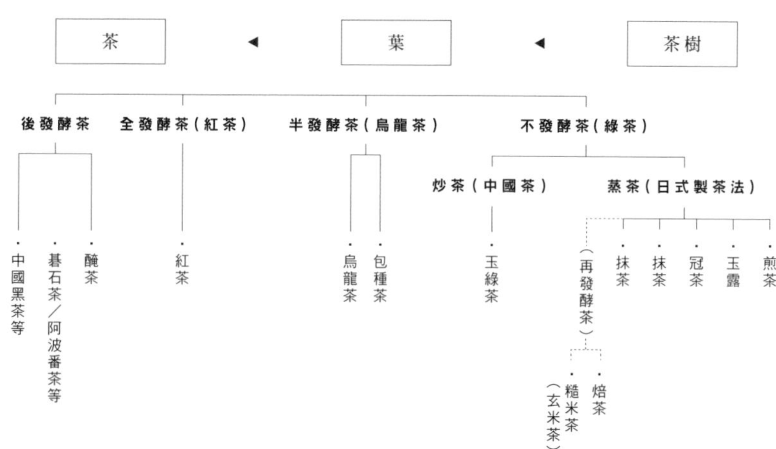

以上分類表針對了深奧的茶種做了完整的整理，主要都是一般常見的茶。茶葉可以製成日本綠茶、紅茶、烏龍茶等不同茶種，其中日本綠茶是不發酵茶，完全發酵的是紅茶，半發酵的則是烏龍茶。近年來有些日本綠茶會透過輕度發酵的製法，讓綠茶散發類似紅茶的香氣，也逐漸受到市場歡迎。

日本茶＝不發酵茶

製茶過程以蒸汽阻斷茶葉中的氧化酵素繼續作用，使其不再發酵。茶葉的顏色與茶色都呈現綠色。

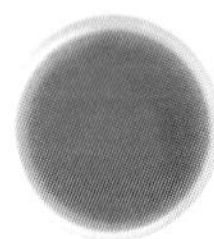

烏龍茶＝半發酵茶

只讓茶葉稍微發酵就停止作用，製成的茶葉及沖泡出來的茶色介於綠茶與紅茶之間。

紅茶＝全發酵茶

茶葉經過完全發酵，因此顏色較黑。具有其他茶葉沒有的韻味與澀味，並散發獨特香氣。

全世界以亞洲為中心、共有30個以上的國家生產茶葉，據說全世界一天就會喝掉20億杯茶。無論是顏色鮮綠、味道甘甜溫潤的日本綠茶，或是具有溫順澀味魅力的紅茶，同樣都是以茶樹為原料製成的茶葉，味道的不同就取決於發酵程度。

raw materials | **02**

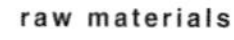

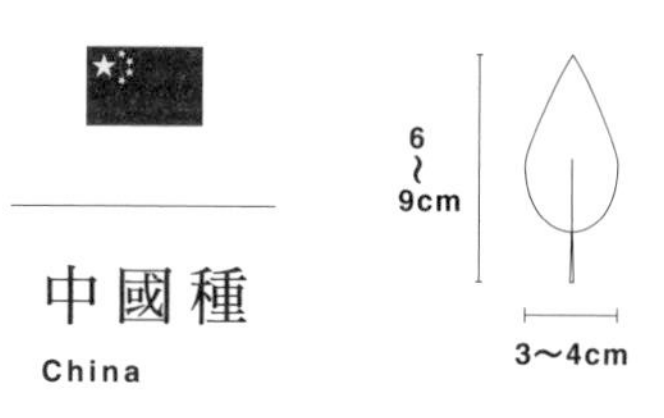

中國種
China

葉子表面光滑，葉片較小，大約只有印度種葉子的一半。顏色較深，葉片前端較圓。中國種茶樹的一大特色是十分耐寒，日本栽種的正是這種茶樹，適合用來製成綠茶。大吉嶺、祁門等世界頂極紅茶同樣也是出自中國種的茶樹。

遍布全世界二十幾個國家！
世界紅茶產地

全世界茶葉總產量，約有七成是紅茶。
接下來就讓我們一起來瞭解
全世界最主要的幾個紅茶產區。

監修＝磯淵猛／岡本啟（P040～042）

Tea leaves

1 India
〔印度〕

獨特的氣候條件 蘊釀出獨一無二的香氣

大吉嶺紅茶是知名的紅茶品種之一，也是印度唯一成功栽種的中國種茶葉。大吉嶺位於西孟加拉省最北方、海拔兩千三百公尺的高原，而茶園就廣闊分布在三百至兩千兩百公尺的陡坡上。

在這裡，白天與晚上的溫差非常大，每天都會出現好幾次大霧。每當大霧升起時，印度邊界至尼泊爾東部的喜馬拉雅山山脈中段、來自干城章嘉峰（Kangchenjunga）的風便會將大霧吹散。大霧散去後，陽光會晒乾原本沾濕著霧珠的茶葉。不久，濃霧又升起……這種不斷反覆變化的氣候，正是大吉嶺的天然環境，也造就了茶葉

大吉嶺 ／ Darjeeling

大吉嶺紅茶被譽為「紅茶中的香檳」，是知名的紅茶品種之一。
為了保留獨特氣候條件所產生的特有香氣，
大吉嶺的製茶過程必須非常謹慎小心，避免茶葉過度發酵。

的獨特香氣。為了保留這股香氣，大吉嶺紅茶幾乎完全遵循傳統製法，以揉捻機來進行揉捻與發酵，確保茶葉的獨特香氣不會在製茶過程中流失。

大吉嶺茶葉一年採收四次，其中有三季的茶葉品質特別好。首先，三至四月的春摘茶（First Flush）含有許多黃金毫尖（golden tip），稀少價值高，不僅具有甘甜的果香味，同時也擁有綠茶般的青綠風味。近年來英國皇室御用的蕎帕娜茶園（Jungpana）的春摘茶更是公認的頂級好茶。

夏摘茶（Second Flush）採收於五月上旬至六月下旬，特色是澀味深韻強烈。秋摘茶（Autumnal）的時間是十月至十一月，也是每年最後一次採收的茶葉。

Tea / 1
蕾帕娜茶園 春摘茶
First flush

大吉嶺又被譽為「紅茶中的香檳」。尤其是英國皇室御用而備受矚目的蕾帕娜茶園每年3～4月春天第一次採收的春摘茶，是所有紅茶愛好者最憧憬的一款茶葉。茶色為透明度高的淡橘色，有著麝香葡萄的甜韻果香。

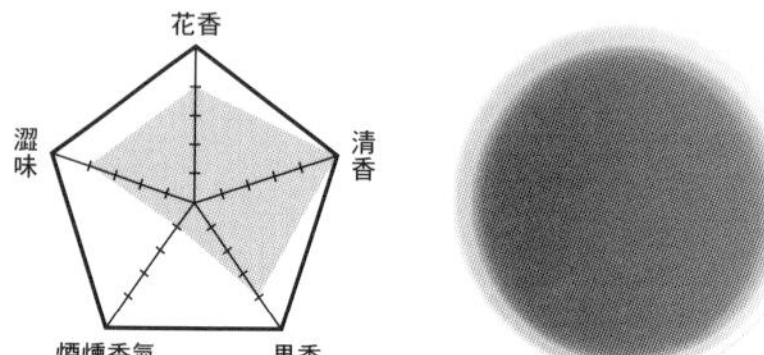

Data.

味道特徵：
澀味溫順不刺激
萃取時間：約 5 分鐘
建議喝法：
純紅茶

Tea / 2
蕾帕娜茶園 夏摘茶
Second flush

指蕾帕娜茶園每年5～6月採收的茶葉，澀味深韻而強烈，帶有熟果的強烈香氣。橘紅色的茶色非常漂亮，透明度也很好。麝香葡萄的果香中混合著薄荷的清爽苦味。沖泡成奶茶也很好喝。

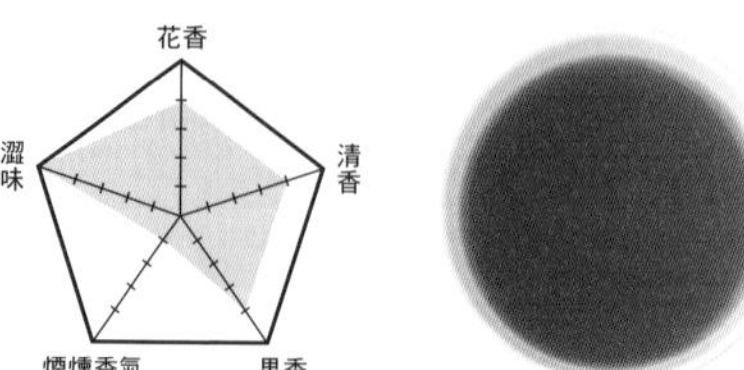

Data.

味道特徵：
澀味直接而強烈
萃取時間：約 5 分鐘
建議喝法：
純紅茶、奶茶

Tea / 3

薔帕娜茶園 秋摘茶

Autumnal

秋摘茶採收於9～10月，有著深韻濃厚的強烈澀味，可以說是嗜飲紅茶的人會喜歡的味道。茶色深紅相當漂亮，香氣特色是麝香葡萄與蘋果果香中帶有些許落葉的氣味。

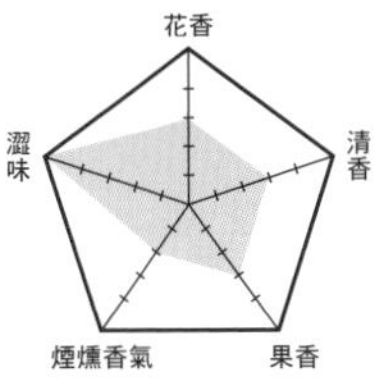

Data.

味道特徵：
澀味濃厚強烈
萃取時間：約 5 分鐘
建議喝法：
奶茶

Pick Up!

自己動手做茶包，享受大吉嶺的無窮變化

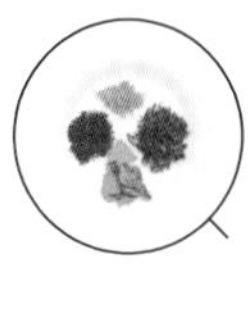

大吉嶺綠茶

大吉嶺紅茶＋康提錫蘭紅茶＋綠茶（比例依各人喜好）。這款調配可以更顯大吉嶺的果香。康提錫蘭紅茶緩和了大吉嶺直接而強烈的澀味，再加上綠茶的清新香氣，將大吉嶺帶往更完美的境界。

大吉嶺花草茶

大吉嶺紅茶＋努沃勒埃利耶（Nuwara Eliya）錫蘭紅茶＋檸檬香茅＋薄荷（比例依各人喜好）。味道喝起來像蘋果加薄荷，完全突顯出大吉嶺的清新味蕾。一般來說，大吉嶺容易一入喉就感覺到澀味，但努沃勒埃利耶錫蘭紅茶可以中和這股澀味，薄荷則讓味道變得更豐富。果香的氣味令人著迷。

阿薩姆 ／ Assam

阿薩姆的紅茶香氣甘甜，有著濃郁的橘紅茶色。
全世界總產量一半以上的紅茶，
全來自這片廣大平原上的茶園。

濃郁的香氣與茶色適合沖泡香料茶

阿薩姆位於喜馬拉雅山麓，迎著潮濕的季風與大量雨水，再加上此地茶園大多位於河川南方，河川的水蒸氣會為茶葉帶來水氣，而這些水量就是阿薩姆地區的特徵，使得這裡生產的紅茶帶有獨特澀味。另一特色是這裡的茶園種植了許多遮蔭樹，用處是為了減緩強烈的日照。

阿薩姆紅茶的香氣與茶色都十分濃厚。印度產紅茶占全球總產量一半，其中半數產自阿薩姆地區。印度國內的阿薩姆紅茶消費量也很高，常見的「香料茶」主要就是使用這種茶葉。

為因應本國龐大需求，阿薩姆紅茶九成以上皆採CTC製法（經碾碎〔crush〕、撕碎〔tear〕、揉捲〔curl〕製成）。

Tea / 1

杜芙蕾婷莊園 FOP茶

Duflating FOP

全葉茶。優雅的甜味與順口的澀味令人著迷。茶色呈淡橘紅色，有著秋天落葉般的強烈發酵香氣，以及淡淡的果香。沖泡時間約5分鐘，泡出來的茶最好喝。

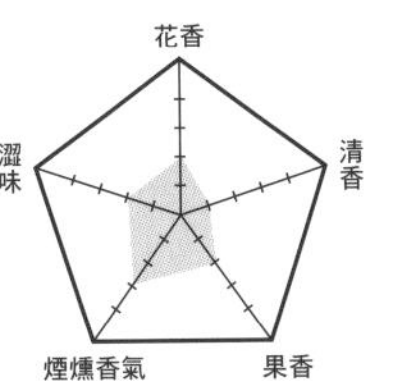

Data.

味道特徵：
澀味溫潤
萃取時間：約5分鐘
建議喝法：
純紅茶

Tea / 2

麥茲特莊園 CTC加工茶

Mazbat CTC

屬於CTC加工茶，因此萃取時間較短，約3分鐘就能沖泡出一杯帶有濃厚強烈澀味的紅茶。茶色雖然深紅中帶黑，但味道與茶香都不如茶色般具有特色，可說是個性較弱的紅茶。口感溫順好入喉，也適合沖泡奶茶。

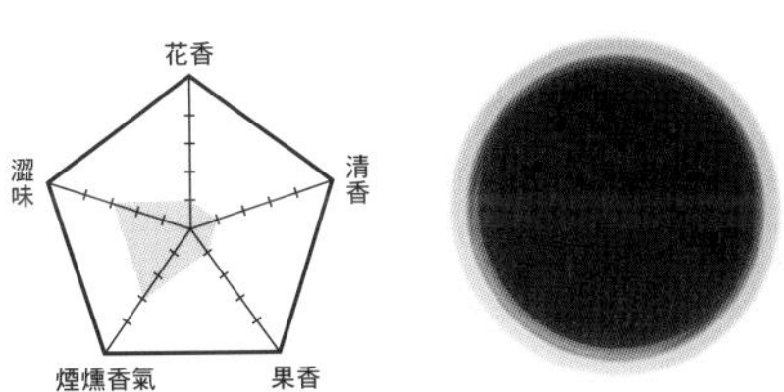

Data.

味道特徵：
澀味中帶有些微甘甜
萃取時間：約3分鐘
建議喝法：
奶茶

尼爾吉里 ／ Nilgiris

尼爾吉里的製茶設備相較新穎，因此所生產出來的加工茶品質比較好。
這裡主要生產CTC加工茶，
此外，因應海外需求的OP茶也愈來愈受歡迎。

丘陵地所培育出來的萬能紅茶

尼爾吉里位於印度的南端，隸屬於泰米爾納德邦（Tamil Nadu），與大吉嶺及阿薩姆並列為印度三大紅茶產區。不像大吉嶺的茶園位於山區，也不同於設立在平原的阿薩姆茶園，尼爾吉里的茶園主要位於高原上的平緩丘陵地。這裡白天也經常會有大霧，氣溫較低，氣候型態類似斯里蘭卡，因此生產出來的茶葉也比較接近斯里蘭卡紅茶，就連中規中矩、順口的味道也很類似。雖然不像大吉嶺或阿薩姆有著明顯的特色，但這也可以說是尼爾吉里紅茶的個性之一。這種紅茶很善於多元利用，因此用途非常廣。

Tea / 1

Chamraj茶園 FOP茶

Chamraj FOP

澀味淡而順口，茶色呈較深的橘紅色，透明度高。紅茶獨特的香氣較淡，對剛接觸紅茶的人來說，是可以輕易接受的味道。有著優雅香甜的果香氣味。

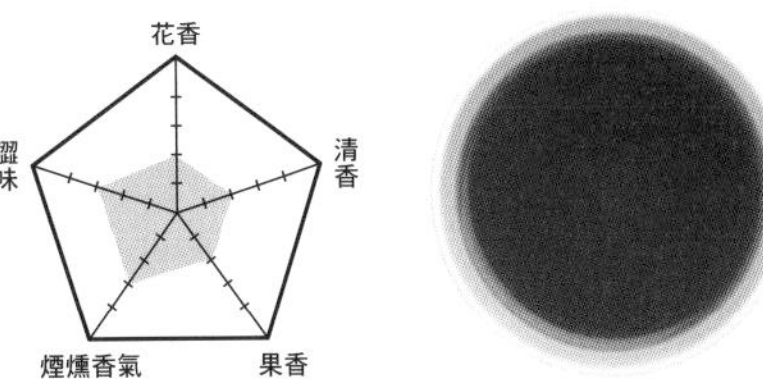

Data.

味道特徵：
清爽順口
萃取時間：約 5 分鐘
建議喝法：
純紅茶

Tea / 2

Kotharis莊園 CTC加工茶

Kotharis CTC

與尼爾吉里的茶葉一樣有著濃厚的香氣和茶色，但味道上澀味與韻味較淡，屬於比較沒有特色的傳統紅茶。除了奶茶以外，也適合用來沖泡印度常見的「香料茶」。

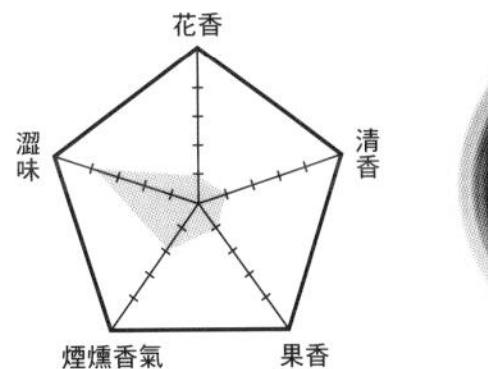

Data.

味道特徵：
澀味深韻帶有甘甜
萃取時間：約 2 分鐘
建議喝法：
奶茶

Tea leaves

2

Sri Lanka

〔斯里蘭卡〕

世界三大茗茶之一 適合沖泡奶茶

烏巴紅茶最常被拿來沖泡成奶茶。烏巴的茶園主要位於面向孟加拉灣的山區斜坡上，廣闊的茶田就挾在高山與溪谷之間。

烏巴地區的茶田面積與尼爾吉里的相近，大約有三萬五千公頃，海拔一千四百至一千七百公尺。氣候環境類似大吉嶺，每年七、八月來自印度洋的乾冷季風會吹散霧氣，也一併吹乾了茶葉的水氣，造就了烏巴紅茶特有的果香與強烈澀味，以及濃郁茶色。

如同斯里蘭卡多數地區的做法，如今烏巴的茶葉幾乎都是遵照傳統製法來生產。其中原因之一，也是因為這裡的茶田位於山

烏巴 ／ Uva

烏巴、大吉嶺與祁門並列為世界三大茗茶。
紅茶雖然容易受到氣候條件的影響，
但烏巴人對於茶樹栽培投入了大量心力，使得烏巴的紅茶深受市場青睞。

區，無法再擴大開墾，不適合大量生產，因此才保留了傳統製茶方法。

烏巴與所有斯里蘭卡的紅茶一樣，皆是以BOP茶為主。尤其，烏巴紅茶的特色是澀味強烈，而BOP就是最能展現這種特色的等級。烏巴紅茶全年都可採收，其中只有七、八月這兩個月茶葉的品質最好，其他時候受風雨等氣候條件的影響，品質也會跟著改變。即使如此，烏巴紅茶仍然稱霸世界三大茗茶之一，擁有歷久不衰的人氣。甜韻果香中散發著清爽薄荷的淡雅芬香，BOP茶則呈現閃爍著深紅光澤的明亮橘紅色系。

Tea／1

烏巴 茗品季節茶
Quality Season Uva

在最受歡迎的7～8月茗品季節，受到季風影響，造就了茶葉強烈的澀味。這個季節由於是乾季，雨量少，使得茶菁收穫量較少，但品質卻是最好的。淺淡的橘紅茶色十分漂亮，透明度也很高。

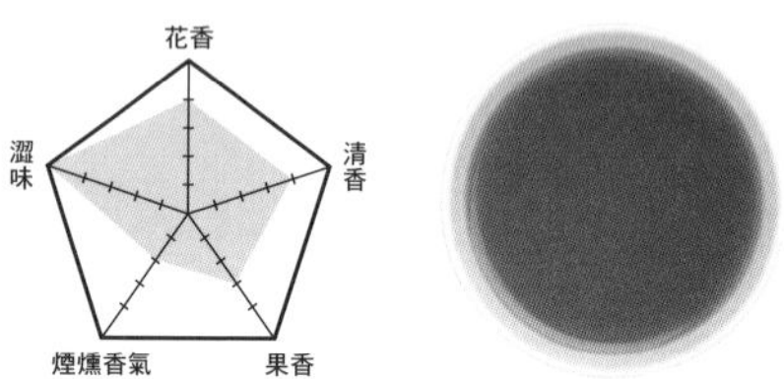

Data.

味道特徵：
澀味強烈
萃取時間：約 3 分鐘
建議喝法：
純紅茶、奶茶

Tea／2

烏巴 FOP茶
Uva FOP

茶葉形狀較大，使得澀味變得較溫和順口。茶色為淡橘紅色，除了紅茶的香氣以外，還帶有玫瑰般的甜韻香氣。每年到了7～8月，來自印度洋的乾冷季風會讓茶葉瞬間變得乾燥，造就了品質上等的烏巴紅茶。

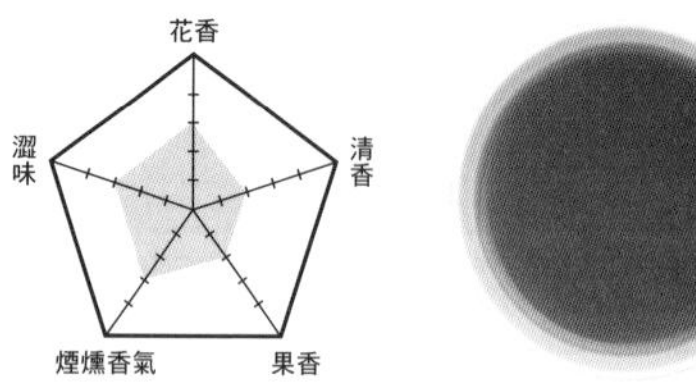

Data.

味道特徵：
澀味溫和
萃取時間：約 5 分鐘
建議喝法：
純紅茶

Tea / 3

烏巴BOP茶

Uva BOP

與斯里蘭卡紅茶相似的BOP茶。尤其烏巴紅茶的特色是擁有十分強烈的澀味，因此非常適合做成BOP茶。這種茶葉發酵味十足，澀味也很重，是喜歡澀味中帶有濃厚韻味口感的達人會喜愛的茶葉。玫瑰般的香氣強烈，使得整體氣味偏香甜。

花香
清香
果香
煙燻香氣
澀味

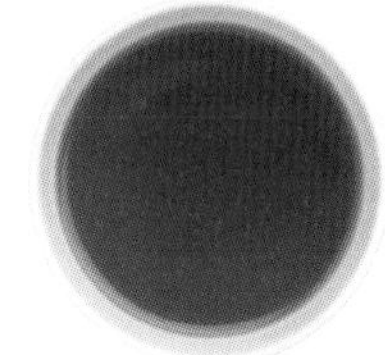

Data.

味道特徵：
澀味強烈而刺激
萃取時間：約 3 分鐘
建議喝法：
奶茶

Pick Up!

用烏巴紅茶做調酒

有著淡淡的巧克力香甜

巧克力蘭姆調酒

1 先以茶壺沖泡紅茶。

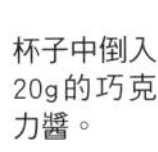

2 杯子中倒入20g的巧克力醬。

3 接著倒入30mℓ的低溫殺菌牛奶。

4 再倒入20mℓ的蘭姆酒攪拌均勻。

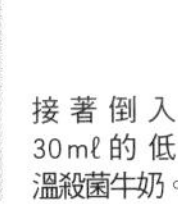

5 最後依照各人喜好倒入適量紅茶。

水果茶的味道

香橙梅酒

1 將柳橙切成圓片。杯中倒入梅酒。

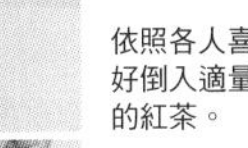

2 依照各人喜好倒入適量的紅茶。

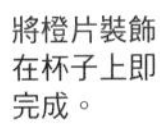

3 將橙片裝飾在杯子上即完成。

汀普拉 / Dimbula

汀普拉
位於斯里蘭卡中央山區的西南部，
穩定生產著供給全世界、帶有花香與果香的紅茶。

愈來愈受喜愛的汀普拉紅茶

汀普拉位於斯里蘭卡中央山區，雖然多少受到季風等氣候影響，不過對茶葉還不至於造成多大的變化，一整年皆可生產品質穩定的茶葉。雖然位處海拔一千兩百至一千六百公尺的高山，但白天氣溫有時甚至會高達近三十度。所生產出來的茶葉特色是沒有明顯個性，增加了混合調配與變化的可能性。或者當然也可以品嘗純紅茶沉穩的中性風味。在等級上以傳統製法的BOP茶為主，近年來，也有愈來愈多用來製成茶包的CTC茶。

Tea / 1

汀普拉茗品季節茶
Quality Season Dimbula

受到季風影響，茶葉帶有玫瑰般的香氣與順口的澀味，是品質最好的汀普拉紅茶。而且除了澀味以外，還嘗得到香甜的口感。茶色呈清澈的淡橘紅色，果香中有著鮮綠淡雅的香氣。

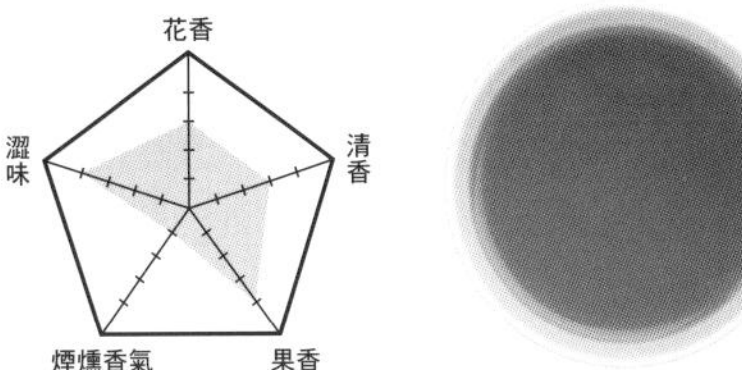

Data.

味道特徵：
澀味強烈順口，具淡淡甜香
萃取時間：約 3 分鐘
建議喝法：
純紅茶、奶茶

Tea / 2

汀普拉BOP茶
Dimbula BOP

茗品季節以外的其他汀普拉紅茶即使沒有明顯特色，但口感溫順，仍然是茶葉中的首選。適中的澀味圓潤不刺激，深紅的茶色清澈而帶有光澤。香氣溫和，非常適合不常喝紅茶的人。

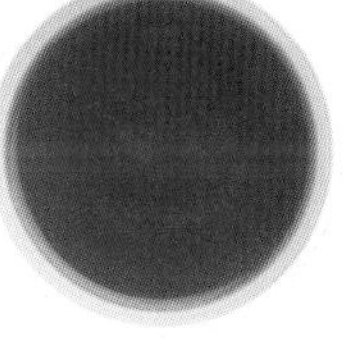

花香 / 清香 / 果香 / 煙燻香氣 / 澀味

Data.

味道特徵：
澀味清淡順口，屬大眾口味
萃取時間：約 3 分鐘
建議喝法：
純紅茶、奶茶

努沃勒埃利耶 / Nuwara Eliya

印度海拔最高的空中茶園。
白天與早晚溫差造就了茶葉的澀味，
但氣候變化不大，因此茶葉品質相對穩定。

特色香氣清淡 適合品嘗純紅茶

努沃勒埃利耶位於斯里蘭卡中部至南部，海拔一千八百公尺，是印度最高的紅茶產地，多數茶園海拔都超過一千七百公尺。這裡通年氣候相對穩定，加上製茶技術先進，因此茶葉產量十分穩定。

努沃勒埃利耶的茶葉主要為BOP茶，遵循傳統製法生產。除此之外他們也嘗試各種不同製法，例如發酵較慢的OP茶，或是將原本需要一個小時才能完全發酵的時間縮短十五至二十分鐘，試圖減少紅茶的澀味，以達到更完美的口感。

Tea / 1

努沃勒埃利耶茶
Nuwara Eliya

受到季風影響，味道與香氣都十分濃郁。澀味適中，茶色淡橘色。沖泡成奶茶風味會變得太淡，建議以純紅茶的方式品嘗。香氣深韻，令人著迷，整體而言會讓人留下淡雅的味蕾。

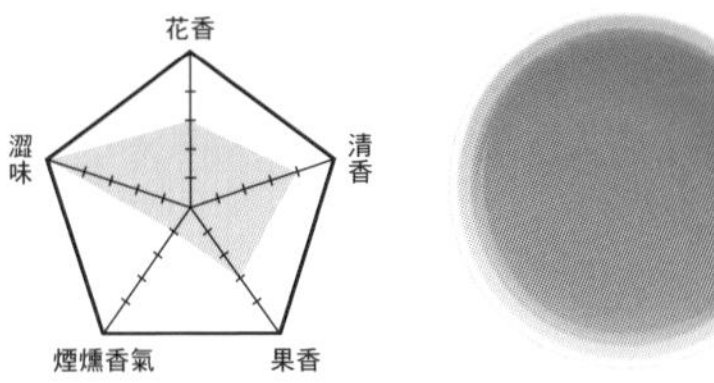

Data.

味道特徵：
澀味強烈而順口
萃取時間：約 3 分鐘
建議喝法：
純紅茶

Tea / 2

努沃勒埃利耶BOP茶
Nuwara Eliya BOP

一般雖然都最重視茗品季節，但這款茶葉卻能一整年都維持有著春天般清新綠意的香氣。澀味清爽卻十分強烈，茶色呈淡橘紅色，濃郁的清綠淡雅香氣中帶有花朵的香甜氣味。

Data.

味道特徵：
澀味清爽強烈
萃取時間：約 3 分鐘
建議喝法：
純紅茶

康提 ／ Kandy

苦味少，是大家都能接受的味道，
冷熱沖泡都很適合。
味道穩定，簡單就能沖泡，可說是萬用紅茶。

特色不明顯 卻有著迷人的茶色光澤

康提是位於斯里蘭卡中部的紅茶產區，海拔六百至八百公尺，是斯里蘭卡第二低的產茶區，僅次於盧哈娜（Ruhuna）。由於地勢較低，受季風影響小，整年氣候變化不大，因此茶葉的品質與產量相當穩定，受到全世界熱烈歡迎。

不過，穩定的氣候環境相對也使得茶葉無法擁有明顯特色，因此以紅茶來說，缺乏了明顯個性。但對於製作混合茶或風味茶而言，可以說是最適合的茶種。再加上康提的紅茶單寧成分少，澀味較淡，因此任何人都能輕易用這種茶葉沖泡出一杯美味的紅茶，且做成冷泡茶色也不會混濁，非常適合用來做成冰茶。

Tea / 1

中海拔 康提茶
Middle Grown Kandy

茶園位置超過海拔六百公尺，茶葉就會從低海拔茶變成中海拔茶，所沖泡出來的紅茶澀味也會變得深韻順喉。茶色是深紅中帶有明亮的橙色，清澈度高，非常漂亮，比味道要來得更令人著迷。

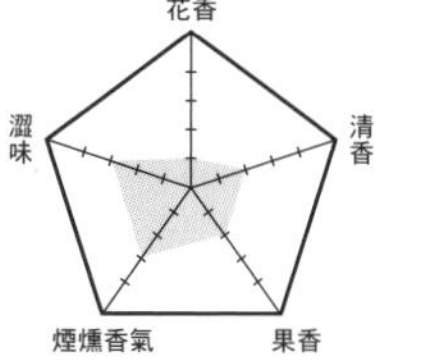

Data.

味道特徵：
澀味溫和，後味順喉
萃取時間：約 3 分鐘
建議喝法：
純紅茶、奶茶

Tea / 2

低海拔 康提茶
Low Grown Kandy

海拔六百公尺以下平地所栽種出來的康提紅茶。風味和個性相當淡薄，澀味也比較淡，香氣不明顯。深紅的茶色中閃著紅色光澤，與中海拔康提茶一樣相當漂亮。帶有正統紅茶的香氣，特色稍嫌薄弱。

Data.

味道特徵：
澀味淡，後味順口
萃取時間：約 3 分鐘
建議喝法：
純紅茶、奶茶、冰茶

盧哈娜／Ruhuna

斯里蘭卡知名「五大紅茶產地」之一。
喜愛重度發酵、味道強烈的人，
一定不可錯過這款紅茶。

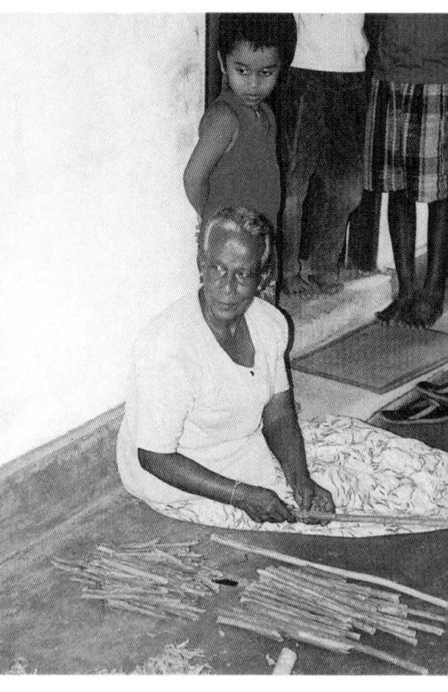

葉片較大，重度發酵擁有頂級口感

「盧哈娜」是西元前四三七年一個王國的名稱，也就是現在位於斯里蘭卡最南端的薩伯勒格穆沃省（Saragamuwa）。

盧哈娜海拔只有兩百至四百公尺，是斯里蘭卡地勢最低的茶園，氣候相對穩定。不過由於溫度較高，種出來的茶葉是高海拔茶葉的兩倍大，因此在揉捻過程中會產生較多葉汁，加速發酵作用，使得最後製作出來的紅茶澀味較重，有著煙燻香氣與深濃茶色，是盧哈娜紅茶的特色。

盧哈娜紅茶主要是BOP茶，茶葉大多比一般的BOP茶要來得大。

Tea / 1

盧哈娜FBOP茶

Ruhuna FBOP

重度發酵，茶葉顏色較黑。雖然是低海拔茶，但含有許多芽尖，有著強烈的花香。特色是澀味濃厚帶有甜韻，香氣類似蜂蜜。茶色深紅中有著淡淡的紫色，但味道很溫和。

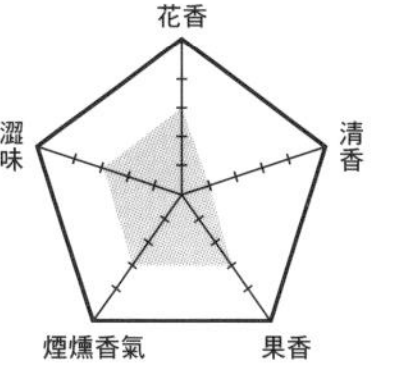

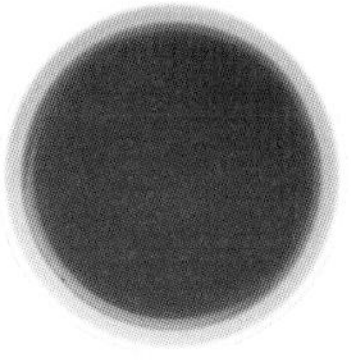

Data.

味道特徵：
味道深厚濃郁，帶有甜韻
萃取時間：約 3 分鐘
建議喝法：
純紅茶、奶茶

Tea / 2

盧哈娜BOP茶

Ruhuna BOP

重度發酵使得茶葉味道濃郁厚重而深韻，同時具有澀味與甜度。沖泡後會散發果香和宜人的香氣風味，與頂級的祁門紅茶擁有類似的特色，價格卻平易近人。

Data.

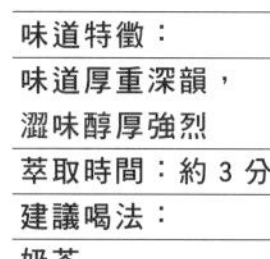

味道特徵：
味道厚重深韻，澀味醇厚強烈
萃取時間：約 3 分鐘
建議喝法：
奶茶

Tea leaves

3

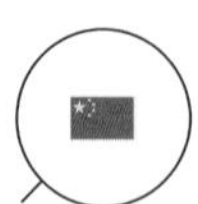

China

〔中國〕

祁門 ／ Keemun

世界三大茗茶之一，
同時也是英國皇室的愛用茶種。

風靡英國人的東方茶香

祁門是中國紅茶的知名產地，位於東南方安徽省至黃山山脈周邊一帶。亞熱帶氣候的環境使得這裡終年均溫較高，一年中約有兩百天都是雨天，靠近山區的地方日夜溫差大，非常適合栽種茶樹。不過這裡所生產的茶葉，味道明顯與印度和斯里蘭卡的茶葉不同。

祁門紅茶堪稱世界三大茗茶之一，但中國境內的消費量非常低，幾乎全用來外銷。茶葉特色是具有英國人所喜愛的蜂蜜和蘭花般的東方香氣，濃厚澀味與甜韻之間擁有絕妙的平衡。

Tea / 1

特級祁門茶
The best quality of Keemun

味道強烈，適合搭配各式料理。特級祁門茶主要以春天的首摘茶製成，因此葉子較多，茶色呈清澈的深紅色，有著蜂蜜與菊花般香甜的東方氣息，令人著迷。

花香
清香
果香
煙燻香氣
澀味

Data.

味道特徵：
澀味溫和，味道有著淡淡甜香，入喉溫順
萃取時間：約 5 分鐘
建議喝法：
奶茶

Tea / 2

高級祁門茶
The high quality of Keemun

繼春天的首摘茶後，第二摘以後的茶葉就屬於高級茶葉等級。澀味厚實濃郁而具深韻，茶色深紅中帶有黑色。煙燻與熟成發酵的香氣被英國人譽為「東方神祕茶香」。

Data.

味道特徵：
澀味厚重深韻，強烈而順口
萃取時間：約 5 分鐘
建議喝法：
奶茶

Tea leaves

4

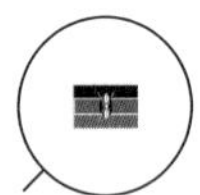

Kenya 〔肯亞〕

肯 亞 ／ Kenya

據2005年統計，肯亞是繼斯里蘭卡之後，全球第二大的紅茶生產國，生產的茶葉品質相當高。

味道正統，適合用來做自由混搭

肯亞屬於高海拔，茶園主要位於海拔一千五百至兩千七百公尺的地方。氣候涼爽，溫度最高只有二十五度，使得茶葉品質穩定。

肯亞的紅茶幾乎都是CTC加工茶，特色是溫潤順口，可以用來做多種混合變化。

Tea / 1

CTC BOP茶

CTC BOP

顆粒細碎，澀味濃厚而強烈。茶葉易脆，因此大多用來製成茶包。茶色為濃黑的深紅色，有著紅茶特有的發酵香氣與甜味。

Data.

味道特徵：
澀味厚重強烈
萃取時間：約2分鐘
建議喝法：
奶茶

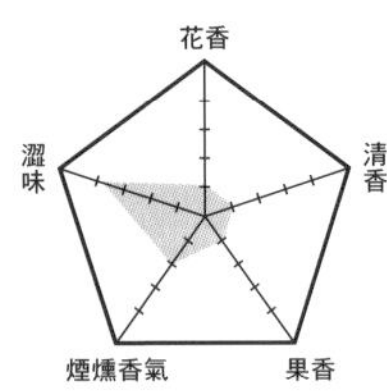

Tea / 2

CTC OF茶

CTC OF

屬於CTC加工茶中顆粒較大的等級，澀味柔和，有著甘甜香氣，茶色呈透明紅深色。整體味道中規中矩，沒有明顯特色。

Data.

味道特徵：
澀味較淡，入喉順口
萃取時間：約2分鐘
建議喝法：
純紅茶、奶茶

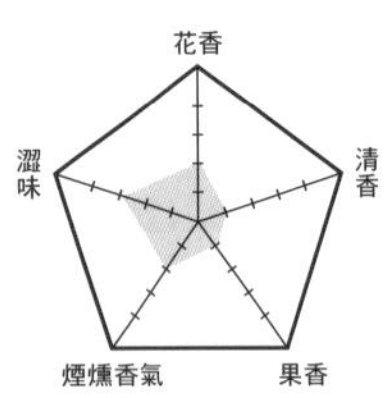

Tea leaves

5

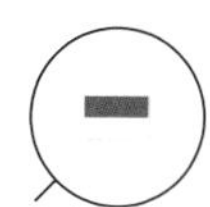

Java 〔爪哇〕

爪 哇 ⁄ Java

在國家的統一管理下，印尼的紅茶一直都維持著相當好的品質。

可望成為取代斯里蘭卡紅茶的明日之星

爪哇島的面積約是北海道的 1.5 倍，茶園主要位於西部，雖然海拔超過一千五百公尺，但大多種植在較平坦的高原。

爪哇紅茶的味道與香氣類似氣候環境相近的斯里蘭卡紅茶，澀味與香氣沉穩，很適合搭配料理。

Tea ⁄ 1

爪哇CTC茶
Java CTC

澀味溫和，因此用途很廣。茶色呈深紅色，有著發酵茶正統的香氣，沒有明顯突出的特色。

Data.

味道特徵：
澀味濃厚但順喉
萃取時間：約 2 分鐘
建議喝法：
奶茶

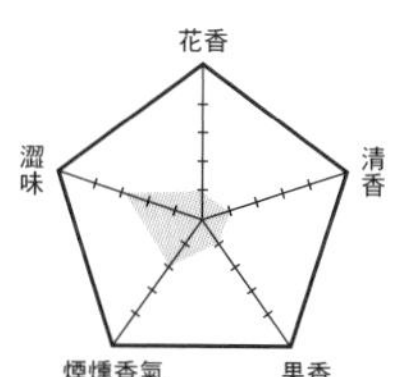

Tea ⁄ 2

爪哇BOP茶
Java BOP

入喉溫順，澀味適中，茶色為深橘紅色，有著水果般的香甜氣味與鮮綠的青草香。

Data.

味道特徵：
澀味適中好入喉
萃取時間：約 3 分鐘
建議喝法：
純紅茶、奶茶

花香
清香
果香
煙燻香氣
澀味

Tea leaves

6

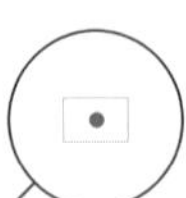

Japan

〔日本〕

特色明顯，不輸進口紅茶

全世界主要紅茶產區為印度、斯里蘭卡與中國等地，但各位是否知道，日本其實也盛產紅茶。

在佐賀縣經營國產紅茶專賣店「紅葉」的岡本啟，本身也是一位日本紅茶的專業調茶師，本書中的日本紅茶相關訊息就是由他提供。

「以產地來說，自古以來就以擁有最多茶農的靜岡縣與鹿兒島為主。這當中有不少人是因為現代人漸漸不再喝日本綠茶，再加上受到地產地銷盛行的影響，於是開始從生產日本綠茶轉變為生產紅茶。靜岡與鹿兒島都屬於比較溫暖的地區，冬天不至於太過寒冷，這種氣候成了造

日本 ／ Japan

近來掀起熱潮的日本紅茶，非常適合搭配日式料理及和菓子，十分受歡迎。
纖細美味的味道，一下子就迎和了日本人豐富的感性，
一起來品嘗看看吧！

就日本紅茶特徵的因素之一。比起其他國家的紅茶，日本紅茶的特色在於香氣甘甜、澀味較少，而富有甜度。」

日本紅茶的品種有包括綠茶品種「藪北」(Yabukita)，以及紅茶品種「紅富貴」(Benifuki)兩種，另外還有印度種與中國種茶樹混種的品種。茶樹的選擇取決於生產者的喜好，例如究竟是要擁有像國外紅茶般的香氣，還是要突顯日本紅茶的獨特個性等。在茶葉的分級上，近來主要以OP茶與BOP茶為主流。

日本民間最早開始栽種紅茶品種「紅富貴」茶樹的人，正是如今以生產日本紅茶頗具盛名的村松二六。

Tea / 1

紅富貴紅茶 Benifuki Tea

紅茶的澀味與香氣會因為發酵程度不同而產生極大差異。比起其他國家的紅茶，日本紅茶大致上澀味溫和而帶有一股清甜，是一大特色。茶色呈清澈優美的紅色，有著類似烏龍茶的發酵香氣，入口後會留下綠茶般的鮮綠清香。

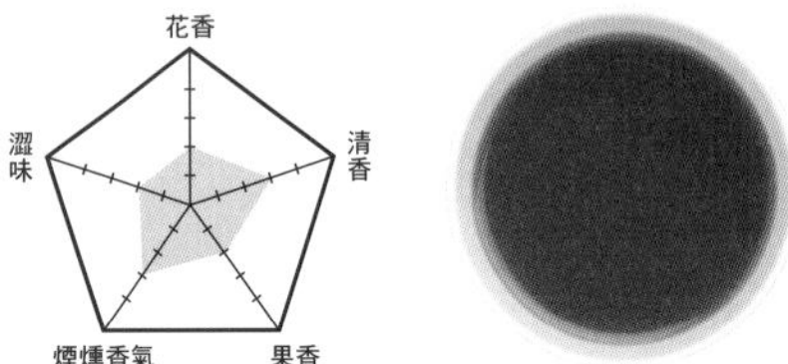

Data.

味道特徵：
入喉清爽，澀味順口
萃取時間：約 3 分鐘
建議喝法：
純紅茶

Tea / 2

沖繩紅茶 Okinawa Tea

全球紅茶產地大多分布在北緯三十度以南，形成一條紅茶生產環帶。日本沖繩的位置也很接近這條生產環帶，屬於能夠生產優質紅茶的環境。沖繩境內依據地區不同，茶葉也受到來自氣候的不同影響，但整體來說都帶有一股濃厚深韻的澀味。

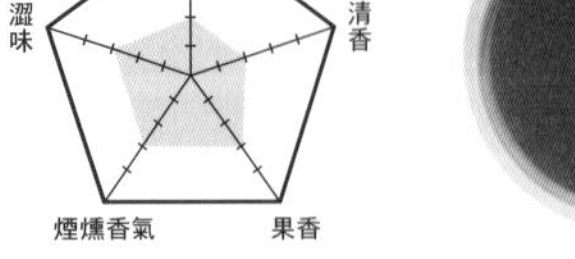

Data.

味道特徵：
澀味適中，後味清爽順口
萃取時間：約 5 分鐘
建議喝法：
純紅茶、奶茶

Pick Up!

日本紅茶的多變風貌！

香氣四溢

堅果紅茶

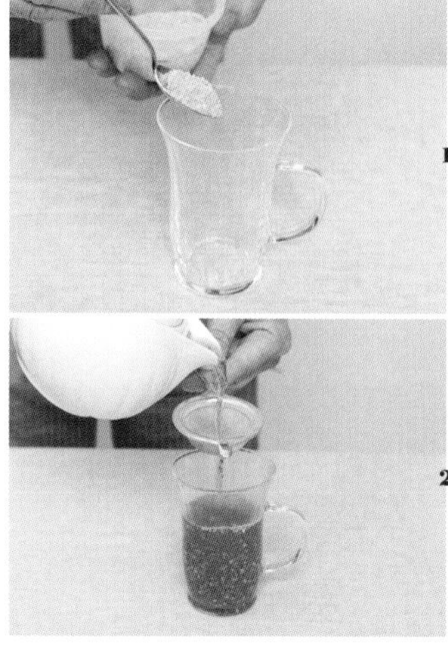

杯中放入1/2茶匙的堅果粉（建議使用花生粉）。 1

倒入喜愛的日本紅茶。沖泡出來的紅茶單寧含量少，香氣明顯，非常好喝。 2

充滿甜蜜香氣

漸層煉乳紅茶

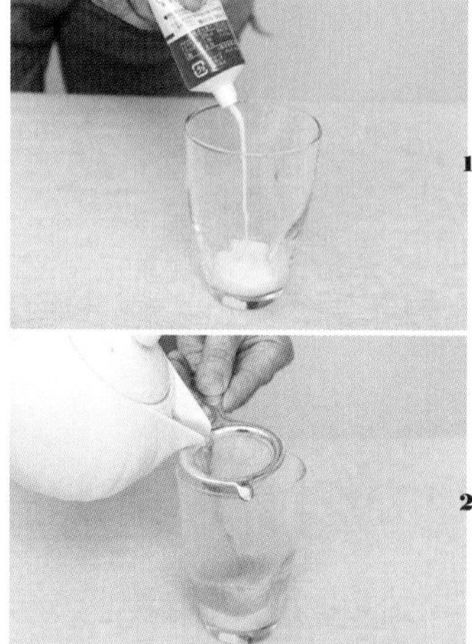

杯中倒入煉乳20g，也可加入堅果或肉桂。 1

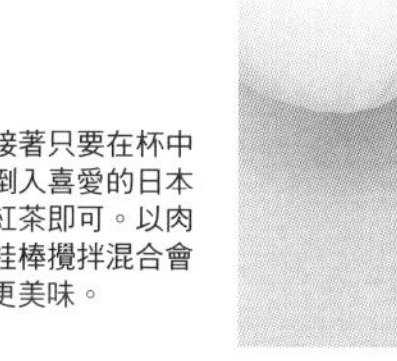

接著只要在杯中倒入喜愛的日本紅茶即可。以肉桂棒攪拌混合會更美味。 2

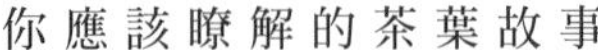

你應該瞭解的茶葉故事

紅茶話題

本章將介紹所有值得關注的茶葉相關趨勢
以及最新潮流。

攝影＝武安弘毅／岡崎健志

1
Japanese Tea

從沖繩向全世界發聲的日本紅茶品牌

來自沖繩的紅茶有著香醇奶香與濃郁口感，回沖第二泡、第三泡一樣美味。

延續「日本紅茶的百年歷史」

「這二十三年來，我以紅茶採購與調茶師的身分活躍在世界紅茶的交易市場，這也成了我投入開發生產『琉球紅茶』的契機。」「Okinawa Tea Factory」社長內田智子回想起當初一九九三年自己因為從事紅茶相關工作而移居斯里蘭卡，當時在茶園的經驗可以說是促使她投身如今創業工作的原點。在那三年的斯里蘭卡工作經驗裡，她從頭開始學習關於種植茶樹、生產茶葉、品茶及調配茶葉的所有技術。

一九九五年，內田移居沖繩。她發現沖繩有著與斯里蘭卡相同的紅土環境，而且與阿薩姆位於同

**世界知名的
沖繩紅茶**

琉球紅茶「月夜之香」使用的是百分之百沖繩當地生產的茶葉。當天空的主角從太陽交替成月亮，也就是傍晚至夜晚時分，沖繩的茶農才會開始以手摘的方式採下茶菁，製作成紅茶。這也就是「月夜之香」名稱的由來。一芯二葉的芯芽上密布著金黃白毫，也就是所謂的黃金毫尖，是上等紅茶的最佳證明。

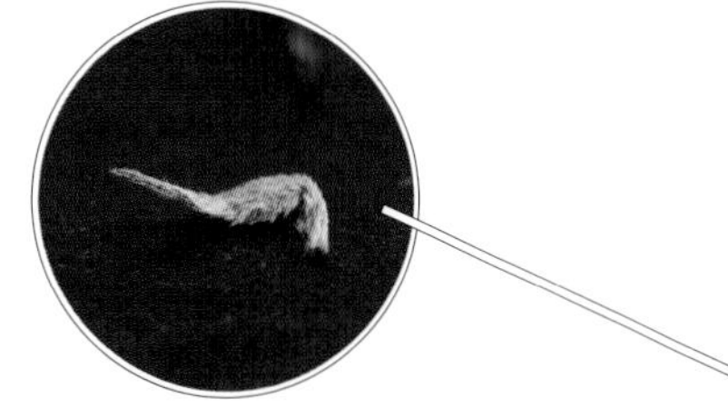

1 北緯26度的祕密

全世界知名的紅茶產地都位於北緯30度以南，形成一條紅茶生產環帶。之所以各大產區都位於這個緯度上，是因為要栽種出富含單寧的上等茶葉，強烈日照是絕對不可少的必要條件。日本南端的沖繩位於北緯26度上，屬於亞熱帶氣候，適合栽種美味紅茶。

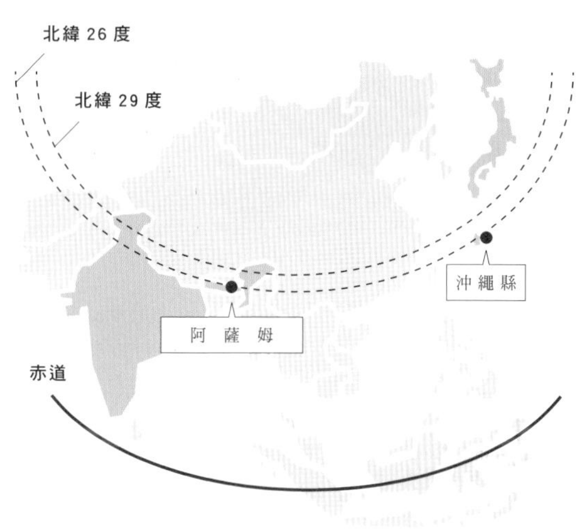

一緯度上，於是她確信，沖繩肯定也能成為一個種植生產出美味紅茶的地方。

「紅茶必須先扦插兩年，再經過三年的定植，才能真正進入生產。而茶農在定植的這三年之間是完全沒有收入的。我深深相信，紅茶產業必須真的在地方上扎根才有意義。」

二〇〇〇年，內田投入沖繩當地紅茶的生產，她告訴自己，「在還沒生產出滿意的紅茶前，絕不賣沖繩當地的單品茶」。因此一開始她是以進口茶葉混合沖繩茶葉來作為商品販售。

一直到二〇〇九年，她終於自信地正式發表琉球紅茶「月夜之香」。據說當時在東京新宿百貨公司所舉辦的限時促銷活動上人潮絡繹不絕，一下子所有紅茶就銷售一空。

2

沖繩特有的神奇紅土

富含胺基酸的綠茶適合栽種在肥沃土壤中，但紅茶的茶樹必須種在貧瘠的紅土，才有辦法培育出富含單寧的上等茶葉。在斯里蘭卡，貧瘠的紅土被稱為是「上帝創造的神奇紅土」，而沖繩的土壤正是這種最適合紅茶生長的紅土。

3

最頂尖的品茶技術

維持茶葉的穩定品質，靠的是擁有頂尖品茶技術的調茶師。照片中最右邊的就是琉球紅茶「月夜之香」。即使是同一個地區種出來的茶葉，紅茶的味道也會因為茶田不同而有所差異。只有擁有多年經驗與技術的調茶師，才有辦法調配出絕佳的味道。

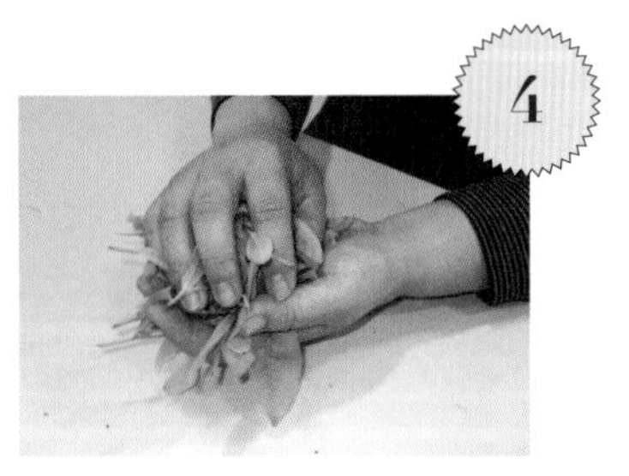

4

茶葉味道的關鍵取決於「母親之手」

以人工方式謹慎手摘的茶菁在經過自然乾燥、凋萎脫去水分之後，接下來必須以人工方式溫柔地進行手揉作業，藉此將風味緊緊鎖在茶葉中。這個手揉的動作就像母親的撫摸一樣溫柔，必須擁有精確的技術，才能將這高級手工紅茶商品化。

琉球紅茶銷售至今已經七年了，一直深受市場歡迎，購買管道只有直營店、網購平台，以及位於新宿伊勢丹百貨的專櫃，但依舊一上架就隨即被搶購一空，想買還得靠運氣。這款茶葉在日本及世界各國都擁有許多愛好者，甚至就連歐洲知名記錄片節目也曾做過相關報導。

「Okinawa Tea Factory」現在會提供茶苗給契作茶農，委託他們進行有機栽種。茶園也從原本的沖繩本島擴大到石垣島，甚至二〇一五年開始在日本最南端的西表島種起茶樹。除了沖繩，內田也著手在日本其他縣市栽種茶樹，包括高知、靜岡與鹿兒島等，繼續為日本百年來的紅茶歷史寫下新的另一頁。

5

不同風味的「紅譽」

在琉球紅茶「月夜之香」的產地金武町，這裡栽種的是日本原生的稀有茶樹品種「紅譽」（べにほまれ〔Benihomare〕）。現在除了金武町，在恩納村與宜野座村也增加了契作茶農，總栽種面積已達到一萬兩千坪。這種阿薩姆種的茶樹根部會深入土壤不斷擴張，對紅土流失來說具有預防之效。

「Okinawa Tea Factory」除了生產販售自創品牌「琉球紅茶」，同時也是一個綜合性的紅茶製造企業，可以為客戶提供調配茶葉的服務。

Data

Okinawa Tea Factory
沖縄ティーファクトリー

TEL：098-989-7501
http：//www.okitea.com

風味茶的世界

充滿芬芳花香與果香等個性豐富多元的風味茶，香氣本身就是最大特色。

已然超越紅茶美味的風味紅茶。

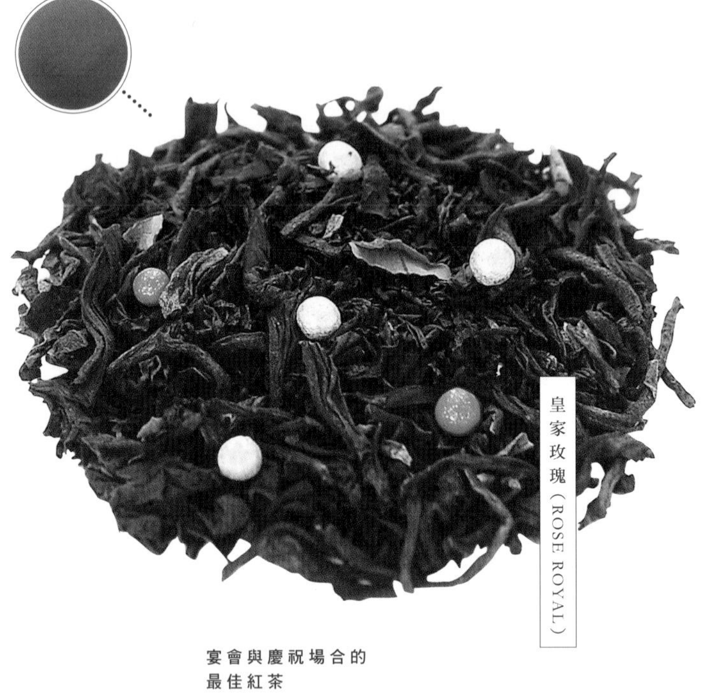

皇家玫瑰（ROSE ROYAL）

宴會與慶祝場合的最佳紅茶

融合了草莓的酸甜氣息與香檳風味。沖泡後，粉紅色與銀色糖球會像泡泡一樣浮在玻璃杯中，十分可愛。萃取時間2分半至3分鐘。

可以品嘗各種喜愛香氣的風味茶

大家應該都曾有過這樣的經驗，當感冒鼻塞時，吃起東西會完全沒有任何味覺。人類除了味覺所感受到的酸甜苦辣鹹等五味之外，也能感受到嗅覺所帶來的「氣味」。而風味茶正是以嗅覺來品嘗的一種飲品。

以代表性的基本風味茶伯爵茶來說，是以中國的

嬌嫩印象
挑動著日本人的感性

充滿酸甜果香、令人雀躍的櫻桃風味紅茶。彷彿是紅色熟果與淡綠色果梗的裝飾配料增添了茶色的色彩。萃取時間2分半至3分鐘。

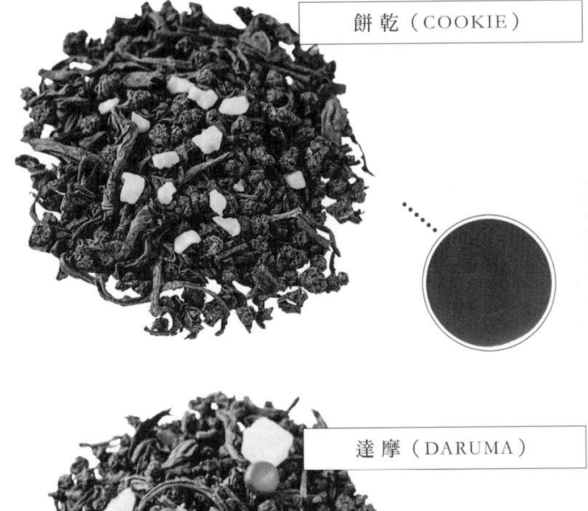

適合嘴饞的
點心時間

有著剛出爐的焦糖脆餅香氣，搭配杏仁一起調配出清爽的味蕾。加入牛奶沖泡成奶茶後會散發一股自然的香甜。萃取時間 2 分半至 3 分鐘。

趕跑白天與夜晚的
瞌睡蟲

仿傚修行時以喝茶趕走睡意的達摩傳說，在印度紅茶中混合水果調配而成。另外還加入與達摩相似的紅胡椒，具有提振精神的作用。萃取時間 2 分半至 3 分鐘。

祁門紅茶混合佛手柑的香氣製成，因深受前英國首相查爾斯・格雷（Charles Grey, 2nd Earl Grey）伯爵喜愛而得名。製作這種展現茶葉原本風味並添加香氣的風味茶，茶葉能否充分吸收香氣的特性，成了非常重要的關鍵因素。關於茶葉與香氣之間該如何調配，日本茶葉專賣店「綠碧」（LUPICIA）的公關這麼解釋。

「以挑選香水來比喻就比較容易理解了。同一種香水擦在不同的人身上，會產生不一樣的香氣，同樣地，茶葉與香氣之間也有能夠提升各自風味的契合度。」

風味茶的重點在於品嘗香氣，所以在挑選上沒有一定的準則，以自己喜愛

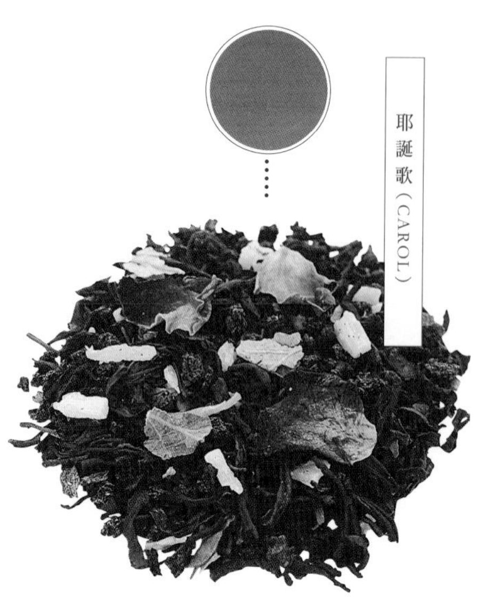

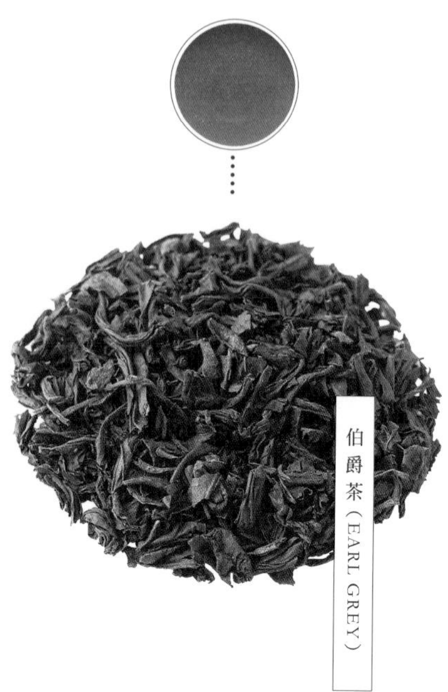

寧靜燭光之夜的
晚茶

冬季限定紅茶。有著耶誕蛋糕的草莓與香草香氣，玫瑰花瓣添增了豔麗氣息。溫和甘甜的香氣令人印象深刻。萃取時間2分半至3分鐘。

風味茶的
入門款

以祁門紅茶為基底、加入佛手柑香氣的正統伯爵茶。無論品嘗純紅茶或奶茶都很美味，是深受歡迎的紅茶。萃取時間2分半至3分鐘。

的香氣來選擇就對了。如果要選擇這種喜好因人而異的風味茶作為贈禮，建議可以以季節來作為挑選的依據，例如春天可以選擇櫻花風味的茶款，夏天選擇柑橘類，寒冷的秋冬則以適合沖泡奶茶的香料風味，或是巧克力、香草等擁有香甜氣味的茶款為主。風味茶未開封前保存期限可以長達兩年，非常適合用來作為季節贈禮或家族之間的賀禮。保存方法只需放置在不透光的罐子裡常溫保存即可。熱水最能沖泡出風味茶的美味，至於在茶器的挑選上，陶器會吸附香氣，因此建議使用瓷器或耐熱玻璃，或是附有茶濾的馬克杯也很方便。大家不妨也試著配合季節與心情，選擇自己喜愛的風味茶吧！

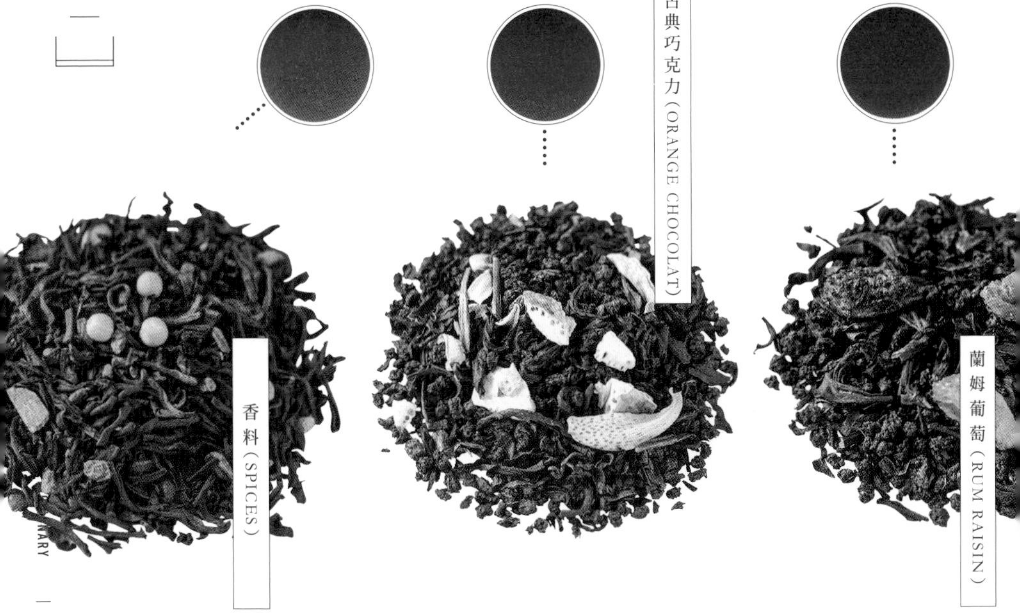

柑橘古典巧克力（ORANGE CHOCOLAT）

香料（SPICES）

蘭姆葡萄（RUM RAISIN）

冬季香料奶茶的最佳選擇

丁香、肉桂、小荳蔻等混合調配而成，特色是帶有香料風味與清爽香氣，很適合搭配牛奶一起沖泡。萃取時間2分半至3分鐘。

宛如巧克力職人之作

柑橘清爽的酸味與微苦的巧克力香氣是最佳的搭配組合。添加了小荳蔻籽，使得深韻的紅茶味道中多了一股清涼口感。萃取時間2分半至3分鐘。

睡前的一小杯蘭姆酒

薰香的蘭姆香氣與濃縮在葡萄乾中的甜膩具有絕佳的平衡，無論是品嘗純紅茶或沖泡成帶有甜度的奶茶，甚至是加入蘭姆酒中都很好喝。萃取時間2分半至3分鐘。

Data

「綠碧」自由之丘總店

LUPICIA 自由が丘本店

地址／東京都目黑區自由之丘1-25-17
TEL／03-5731-7370（一樓商品部）
TEL／03-5731-7371（二樓LA BELLE EPOQUE）
營業時間／8:00～21:00
店休／不定期
http://www.lupicia.com

品牌「綠碧」全年茶葉商品超過400種以上，位於自由之丘的總店除了一般茶葉商品外，另外還有限定茶款、自製甜點及精選茶器可供選購。也會不時舉辦茶葉講座與茶會等各種活動。

3

Tea Food

紅茶入菜的時代

紅茶只能用喝的嗎？不，事實上，紅茶也可以用「吃」的。跟著我們一起來一窺紅茶料理的世界吧！

隱藏在料理中的美味……全是紅茶！

香煎鵝肝

× ALEXANDRA DAVID-NEEL（T961）

紅茶中加入水果香氣與香料，作為味道清爽的醬汁。這裡的料理特色便是將紅茶當成紅酒來使用。

無論甜點或料理，主角都是紅茶！

說到紅茶，大家當然會想到「飲品」。不過，各位知道紅茶其實還可以用「吃」的來品嘗嗎？

日本總店位於東京銀座的品牌「瑪黑」（MARIAGE FRÈRES），是一家來自法國的茶葉專賣店，店裡提供了來自全世界三十五個國家、共計五百多種的茶葉。另外，還有茶器、甜點等

水果塔

× 波麗露（T904 BOLERO）

奶油餡料中使用了帶有地中海花香與果香的紅茶「波麗露」。新鮮水果搭配「波麗露」茶葉的香氣，使得味道濃郁加倍。

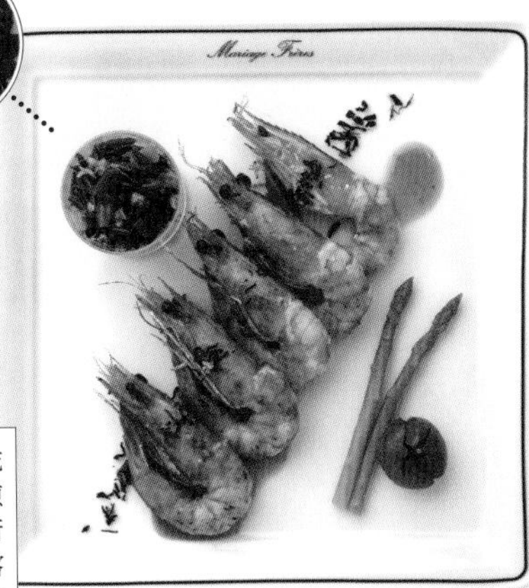

乾煎新喀里多尼亞明蝦

× 黃金山脈
（T9403 MONTAGNE D'OR）

醬汁中所使用的「黃金山脈茶」有著南方島國的水果香氣，為充滿鮮甜風味的海鮮添增了清爽的甜味，使味道更豐富。

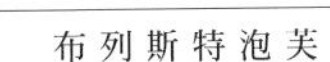

布列斯特泡芙

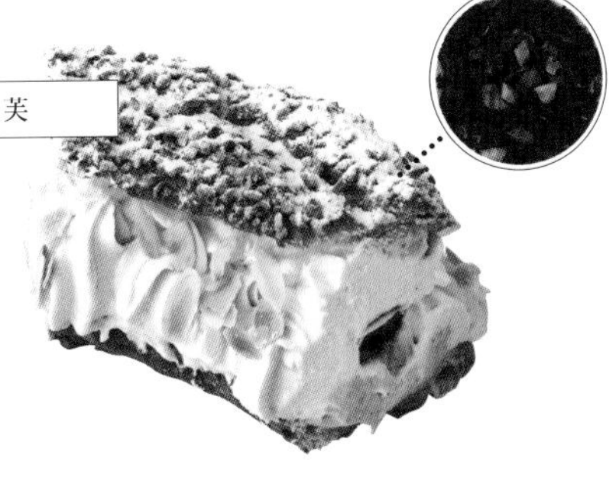

× 紅秋
（T6200 ROUGE D'AUTOMNE）

包裹在香緹鮮奶油中的糖漬栗子，利用的是帶有「ROUGE D'AUTOMNE」栗子香氣的糖水來蜜漬，味道更香甜。

與茶相關的物品。一樓為販賣部，二、三樓則是茶餐廳。

就是在這裡，可以「吃」得到紅茶。這裡的蛋糕櫃每天提供十六至二十種蛋糕，幾乎全是以茶葉做成的甜點。例如南瓜塔中的核桃在裹上焦糖時會加入「馬可波羅」(MARCO POLO)紅茶的萃取液，或是草莓開心果慕斯塔裡加入了紅茶果凍等。紅茶在這些甜點裡的角色，有時是看得到的主角，有時為口味添增茶香，有時則讓整道甜點充滿紅茶的香氣。邊吃邊發現紅茶的蹤跡，是品嘗這些蛋糕的樂趣之一。不只是甜點，料理也是如此。例如乾煎明蝦中的醬

杯子蛋糕／可麗露
瑪德蓮／馬卡龍（粉、綠）

× 大吉嶺普林斯頓（T129 DARJEELING PRINCETON）
生日茶（T7255 BIRTHDAY TEA）
皇家伯爵茶（T8002 EARL GREY IMPERIAL）
東方茶（T922 ORIENTAL）
THE DE FATE（T942）

這裡的點心同樣也以紅茶添增芳香、甘甜、馥郁等香氣，具有巧妙的提味作用。

巴伐利亞蛋糕

× 愛神（T911 EROS）

蛋糕中使用了「愛神」紅茶的萃取液，一入口，口中頓時充滿奶油味與「愛神」的花香。藝術品般的切面非常漂亮。

耶誕節樹幹蛋糕

× 耶誕茶
（T921 ESPRIT DE NOEL）

法國最常見的耶誕蛋糕，以「耶誕茶」為蛋糕帶來香草、芬香及柑橘的濃郁香甜氣息。

草莓開心果慕斯塔

× 紅色水果茶
（T914 FRUITS ROUGES）

第三層黑色的部分是以莓果一起調配而成的「紅色水果茶」果凍，連接著上面兩層慕斯與最底層的塔皮。

汁裡就使用了紅茶，最後再撒上紅茶作為提香。

本文一開始提到，「瑪黑」的茶葉種類多達五百種，因此令人驚喜的，是以這些茶葉所製作出來的甜點，每一天都有不同的風味。擁有多年經驗的甜點師傅會在每天所使用的茶葉與技法上做些微的改變，製作出「每一天獨特的味道」。

「瑪黑」的公關指出：「我們是法式茶葉專賣店，主要還是以茶葉為主，另外也提供料理與用餐空間。」簡單說，蛋糕也好，料理也好，都只是「展現紅茶特色的方法之一」而已。

大家有機會一定要來品嘗這被提升至藝術境界的纖細美味。

希布斯特塔

× 法式藍伯爵
（T8005 EARL GREY FRENCH BLUE）

使用了有著清新柑橘果香的「法式藍伯爵」紅茶，同時品嘗得到酸味、甜味及焦糖的苦。

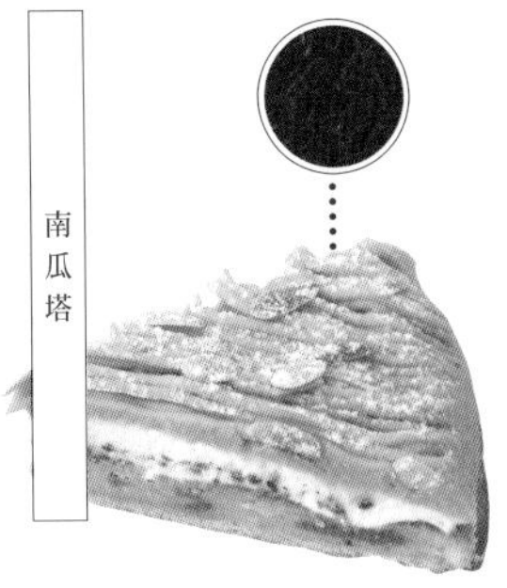

南瓜塔

× 馬可波羅
（T918 MARCO POLO）

色彩明亮的南瓜塔。挾在鮮奶油中的核桃外層裹著加了「馬可波羅」紅茶萃取液的焦糖。

堅果糖巧克力慕斯

× 皇家婚禮
（T950 WEDDING IMPERIAL）

品嘗得到香蕉炙煎過的焦脆口感。添加在慕斯中的「皇家婚禮」茶帶有焦糖與巧克力的香氣。

西洋梨焦糖慕斯

× 西洋梨焦糖慕斯
CHANDERNAGOR（T8201）

以「Chandernagor」為上層的鮮奶油添增香氣，完美搭配出香料與洋梨的驚喜組合。

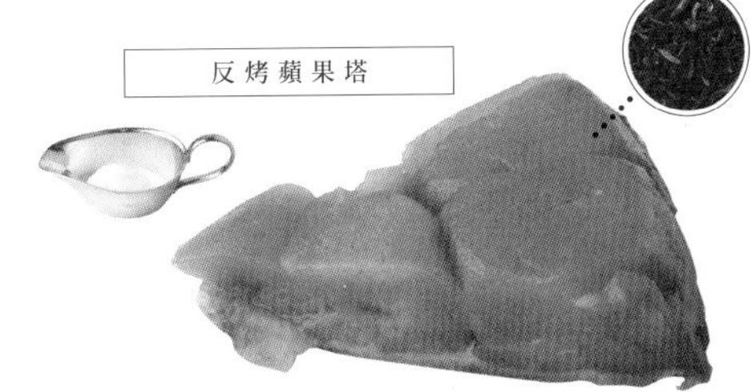

反烤蘋果塔

× 法國早餐茶
（T7000 FRENCH BREAKFAST TEA）

「法國早餐茶」將蘋果的甜與酸融合得恰到好處，搭配大量鮮奶油一起吃更美味。

Data

瑪黑日本銀座總店

MARIAGE FRÈRES 銀座本店

地址／東京都中央區銀座5-6-6
TEL／03-3572-1854
營業時間／1F Boutique 11:00～20:00、
2、3F Tea Salon 11:30～20:00（L.O.19:30）
店休／無
http://www.mariagefreres.com

客製化紅茶

對茶葉特別講究的人，客製化紅茶是不錯的選擇。本章將深入紅茶專賣店，探索調茶師如何重現茶葉的風味。

用最頂級的茶葉調配專屬好茶

紅茶光是茶葉就有好幾種，如果再加上混合茶及風味茶，變化更是豐富無限。由於選擇多樣，多數人都能找到自己喜歡的味道，享受有紅茶陪伴的生活。無論是在一早睡醒、工作空檔，或是搭配喜歡的點心，甚至是晚上睡前等，都能依據不同情境挑選不同的茶葉，或是配合心情來做選擇，這就是紅茶獨具的魅力。

既然如此，何不製作一款專屬於自己的紅茶。「Chef-d'oeuvre」就是可以滿足這種願望、提供客製化茶葉的紅茶專賣店。不只香氣、甜度、澀味、苦味之間平衡，就連萃取後的茶色與外包裝等，完全都能客製化，為顧客製作全世界獨一無二的專屬紅茶。提供這項具獨特吸引力服務的紅茶顧問工藤將人表示：「紅茶是一種嗜好品，每個人偏好的味道與香氣都不一樣。正因為如此，如果要以茶葉展現自我個性，最好的方法就是客製化。」

目前客製化紅茶除了自用之外，很多人也會用來作為結婚喜宴或家族、紀念日的賀禮。尤其重視自我個性、對茶很講究的人，更是喜愛這種客製化茶葉。工藤先生也會配合顧客的概念要求，精選各種高品質的素材來搭配茶葉做調合，而這些素材的品質，全是深受世界各地紅茶愛好者或文化界人士、頂尖料理人或知名甜點師傅等瞭解品質的人的認可。對於喜歡喝紅茶的人而言，如此高品質的客製化茶葉可以說是最奢侈的享受了。

就算自己不瞭解紅茶，也有專業的調茶師能提供建議，大家一定不能錯過這最適合自己的專屬紅茶。

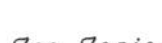

Data

Chef-d'oeuvre

http://www.chef-doeuvre.info

「個性化」紅茶的調配過程

1

決定茶葉的基本概念

例如「作為婚禮小物贈送給來參加喜宴的賓客」等，要先確定使用的目的與情境、預算以及茶葉種類。價格會根據所使用的茶葉與材料種類、數量、包裝、設計等有所差異，以面議為準。

2

挑選茶葉

根據喜歡的味道、香氣、茶色挑選最適合的茶葉。作為基底的茶葉總共有10種左右，再依照顧客需求追加種類。如果對紅茶不瞭解，只要告訴調茶師自己的喜好，例如「喜歡清爽順口的味道」，調茶師就能為你挑選出適合的茶葉。

3

選擇香氣

添加花香與果香的風味茶種類很豐富，包括果香類、香草類、甜點類、香料類等，也有白蘭地和清酒等利口酒類的香料。一定可以從中找到符合要求的香氣。

4

挑選香草或香料

如果想為茶葉增加色彩或風味，讓紅茶更具個人特色，可以再加入香草，或是花瓣、水果乾、果皮等，變化非常多。如果是要作為婚禮小物，不妨可以混合玫瑰花瓣，讓茶葉看起來更華麗。

進行調配

以挑選好的素材進行調配，試作樣品，再根據顧客試喝的結果反覆微調，直到完全符合要求為止，最後再以專門的機器調配完成。在試作階段會提供顧客試飲，因此一定可以調配出完全符合顧客要求的茶葉。

選擇外包裝

外包裝分為很多種，包括鋁箔夾鏈袋、茶罐、茶盒等。另外也提供各種禮盒包裝紙和小卡片。從下單到收到成品需要約2～3個星期（根據挑選的材料及內容不同，有時需要1個月以上）。

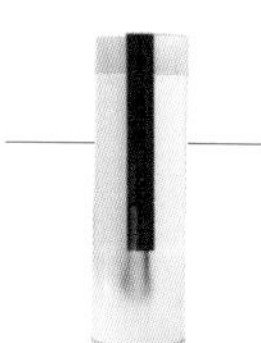

入選日本包裝設計大獎的作品

「Chef-d'oeuvre」所設計的紅色茶罐，曾經入選2007年「日本包裝設計大獎」。設計團隊能因應顧客需求設計專屬的包裝。

值得注目的優質風味茶

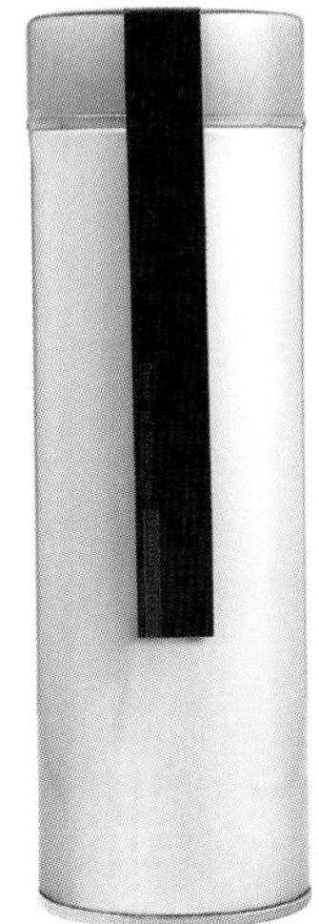

靜岡本山手揉紅茶「Kiwami」

以日本茗茶產地手工摘下的茶菁，經由知名茶師森內吉男親自精心手揉製成的百分之百日本紅茶。

Primavera

柑橘的清香與玫瑰甜美的芳香共同交織出絕妙的組合，用來送禮也很適合。

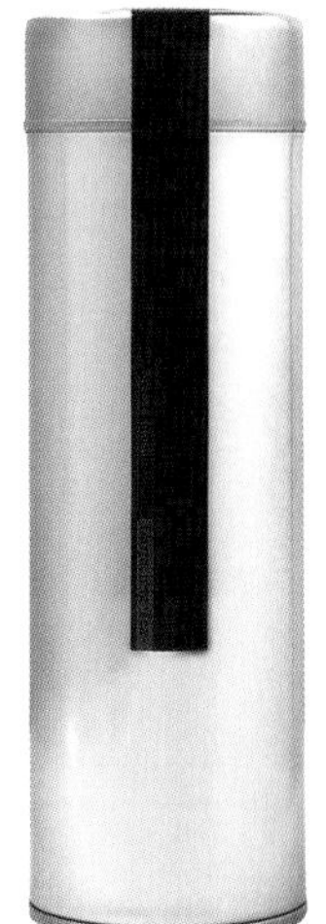

Earl Grey Majestic

以日本嚴選茶葉，搭配紫羅蘭花瓣及義大利佛手柑純精油香氣調配而成。

Darjeeling Speciality

瑪格麗特希望莊園（Margaret's Hope）限定生產的珍稀品，茶色金黃優美，香氣濃厚醇郁，味道高雅纖細，令人著迷。

Tea Wizerd's Recommend!

達人推薦

頂級紅茶

本章將請來多位紅茶達人，
為大家介紹令他們癡心迷戀的頂級紅茶。

攝影＝加藤史人／菊池陽一郎／大森裕之

3 2 1

1/8

Tea Wizerd's Recommend!

TWG Tea 自由之丘

DATA

TWG Tea 自由之丘 TWG Tea 自由が丘

地址／東京都目黑區自由之丘1-9-8
TEL／03-3718-1588
營業時間／10:00～21:00 店休／無
http://www.twgtea.com/

1、2）櫃台後方的櫃子上擺放著來自印度、摩洛哥、南非等世界各地嚴選的數百種紅茶。3）店內裝潢承襲了新加坡的奢華感，就連擺飾的茶具也是來自新加坡。

引領紅茶潮流的茶館實力

拿破崙茶
（Napoleon Tea）

以法國英雄拿破崙為概念調配出來的混合茶。搭配香草油或焦糖味道絕佳。

新加坡早餐茶
（Singapore Breakfast Tea）

以新加坡代表性紅茶與綠茶混合調配而成的「TWG Tea」特製茶款，味道具深韻，廣受許多人喜愛。

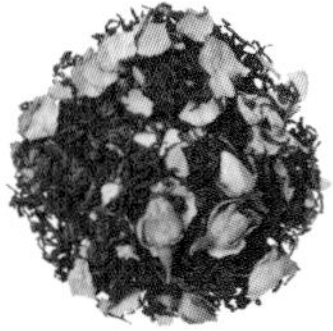

玫瑰芬香茶
（Bain de Roses Tea）

大吉嶺中添加了玫瑰與甘甜香氣，令人彷彿置身法國香水小鎮格拉斯。芬芳醇厚的香氣讓人身心放鬆。

法式伯爵茶
（French Earl Grey）

以最頂級的茶葉混合佛手柑與矢車菊調配製成，味道豐富濃郁，是「TWG Tea」最自豪的頂級茶款。

雞尾酒時刻茶
（Cocktail Hour Tea）

加了洛神與甜蔗的混合茶，除了熱沖之外，冷泡也很美味。

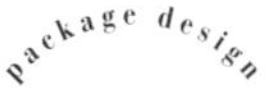

令人更想盡情享受頂級紅茶的美味

「TWG Tea」的新加坡總店同樣也使用這款傳統茶罐，是品牌的象徵設計。另外為的是不損傷茶包裡的茶葉，店裡也有販賣百分之百純棉質茶包。

匯聚於茶葉流通中繼點的世界各國紅茶

高級茶葉品牌「TWG Tea」來自以紅茶都市之名擁有多年歷史的新加坡，時尚裝潢的店內擺滿漂亮的茶罐，提供來自世界三十六個專業茶園的頂級茶葉與原料。茶館中附設有餐廳，可以品嘗到附有茶麵包、以真正茶葉做成的季節料理。

ORANDA屋

DATA

ORANODA屋　おらんだ屋

地址／東京都町田市中町2-11-16
TEL／042-723-5743
營業時間／10:00～17:00　店休／不定期
http://www.orandaya.sakura.ne.jp/

店內裝潢雖然冷調，但樸實的樣貌說明了老闆專一追求紅茶美味的態度。散發著低調品味的職人工作環境，對男性顧客來說十分具魅力。這裡的茶葉都是直接以進貨時的袋裝保存，這也是最能隔絕茶葉接觸到空氣的方法。

提供頂級紅茶的咖啡店!?

小小的店面擺滿了烘焙咖啡豆的機器，櫃台後方架上排列著一罐罐裝著咖啡豆的大玻璃瓶。不過，這裡也提供了多種頂級紅茶。說到紅茶或咖啡專賣店，一般人會覺得應該像咖啡店般整潔有序，但這裡不是。老闆雖也曾在府中地區開過咖啡店，但他堅持咖啡與紅茶並不是商品，而是需要用心品味的飲品，因此在過度講究品質的堅持下，關於時尚包裝與店內裝潢方面就省略了心力。此外，為了避免紅茶茶葉品質變差，通常是接到訂單要求後才進行分裝，平時茶葉是直接保存在進貨的鋁箔袋中。若有機會一定要品嘗這專業職人精心挑選的絕品紅茶。

職人嚴選
琥珀色誘惑

阿薩姆(Assam)

日本少見沒有混合其他茶葉、百分之百的純阿薩姆茶葉。帶有深韻，建議可以沖泡成奶茶品嘗。

烏巴(Uva)

受到日夜溫差帶來的霧氣影響，茶葉有著一股玫瑰與鈴蘭的香氣。精選價格合理且品質優良的茶款提供給消費者。

尼爾吉里(Nilgiris)

有著清新味蕾的尼爾吉里紅茶，是老闆之前經營咖啡店時常用的茶葉，也是少數可以沖泡出美麗茶色的尼爾吉里茶。

肯亞(Kenya)

印度和斯里蘭卡都是知名的紅茶產地，但這款在非洲特有的紅土與赤道強烈豔陽下所栽種出來的肯亞紅茶，韻味深厚，十分美味。

伯爵茶(Eary Grey)

混合了天然香氣的風味茶。在香氣挑選上，用的是日本人喜愛的風味，柑橘的淡雅清香與清爽的味道，令人愛不釋手。

盧哈娜(Ruhuna)

香甜而深韻，口感溫順清新。屬低海拔茶葉，因此等級上是人工手摘的完整茶葉。建議沖泡時茶葉份量要增加。

A.C.PERCH'S

DATA

A.C.PERCH'S　A.C. パークス

地址／大阪府大阪市阿倍野區阿倍野筋1-1-43
　　　近鐵百貨阿倍野HARUKAS本店tower 1F
TEL／06-6625-2120　營業時間／10:00～21:00
店休／以阿倍野HARUKAS百貨為準

1・2・4）在這裡，可以品嘗到丹麥皇室貴族的愛用紅茶。位於大阪阿倍野 HARUKAS 裡的分店以美麗的吊燈作為裝潢，店內提供了約80種茶葉，以及搭配紅茶的各種料理與甜點。3）來自丹麥總店的店長 Monica Jensen。

3

Monica Jensen

4　2　1

傳承丹麥傳統的正統紅茶專賣店

在丹麥首都哥本哈根有間佇立了一百八十年、幾乎融入市景中的茶館──「A.C. PERCH'S」，它同時也是丹麥皇室的愛用紅茶品牌。品牌的品質與高雅芳香的味道，自古就受到上流社會的愛戴，在二十世紀初便成為大眾熱愛的品牌。

其中最具魅力的商品，包括將茶葉美味發揮到淋漓盡致的傳統混合茶，以及使用天然素材添增茶葉自然香氣的風味茶。

「A.C. PERCH'S」如今也在日本的大阪「阿倍野HARUKAS」近鐵總店塔館一樓設有茶館，提供了約八十種茶葉及美味的料理。

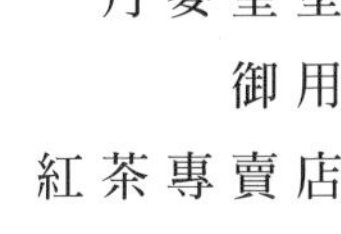

丹麥皇室御用紅茶專賣店

香氣濃郁！

女王特調

（Queens Blend）

大吉嶺與稀少價值高的綠茶——珠茶（Gunpowder tea）的混合茶。味道優雅，是丹麥皇室愛用的一款茶。

package design

令丹麥皇室迷戀不已的珍品

與丹麥總店相同，擁有175年傳統的茶罐。只有「女王特調」的茶罐是紅色，其他的茶葉則以其他顏色來包裝。典雅的設計會讓人想收集作為擺飾。

貝禮詩香甜茶

（Bailey Cream Tea）

茶葉中混合了香草、焦糖、愛爾蘭威士忌等風味，味道充滿奶香與想像。

白寺

（White Temple Tea）

以白茶為基底，添加木瓜、芒果、柳橙、草莓等調配而成，香氣豐富而高雅。

Hygge 特調

（Hygge Blend）

「Hygge」在丹麥是指大家一起點著蠟燭、圍著餐桌共度的時光。這款茶葉就是以此為概念調配而成的經典混合茶，裡頭包括了錫蘭與大吉嶺。

Perch 嬸嬸特調

（Aunt Perch）

阿薩姆與錫蘭的混合茶。特色是有著強烈的錫蘭味道與香氣，以及沉穩濃厚的深韻。建議沖泡成奶茶飲用。

Silver Pot

DATA

Silver Pot　シルバーポット

地址／東京都文京區大塚6-22-23
TEL／03-5940-0118
營業時間／10:00～17:00
http://www.rakuten.co.jp/silverpot/

1・2）展示店面會不定期舉辦各種紅茶相關活動。3）以將近100℃的熱水一口氣往量杯裡沖倒，使茶葉產生「跳躍」（jumping）。使用「Pyrex」量杯來沖泡可以看得到熱水的份量與茶色，方便新手也能泡出美味紅茶。

2 3 1

開啟紅茶的另一片視野

「Silver Pot」的辦公室位於東京大塚閑靜的住宅區內，店裡固定從印度以及斯里蘭卡引進上等茶葉，嚴選其中適合日本水質的品種。近來也開始逐漸增加日本國內紅茶的比重，試圖開啟紅茶的另一個視野。

「在當地好喝的茶葉，到了日本不一定就會好喝。」店長長久以來一直秉持著這個信念，持續為顧客提供最適合日本的頂極茶葉。

「Silver Pot」的茶葉目前在日本最大的網路購物平台上公開販售，顧客有些來自國外，說明了這裡挑選茶葉的眼光深受世界的肯定。

以女性特有的敏銳度，精心篩選最頂級的茶葉

日本
宮崎縣夏摘茶
香駿

來自釜炒茶之都的日本夏摘茶。香駿茶一向以香氣聞名，而這款紅茶也帶有麝香的氣息。

Ramanugger 莊園
阿薩姆夏摘茶（Assam Second Flush, Ramanugge）

外形如珍珠般圓潤，絕佳的馥郁香氣更是一般阿薩姆茶葉所沒有的特色。

凱瑟頓莊園大吉嶺茶
（Darjeeling, Castleton）

大吉嶺知名茶園的頂級夏摘茶。所散發的熟成水果香氣，是這個茶園獨特的麝香葡萄氣息。

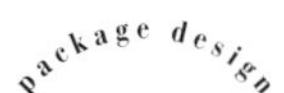

日本紅茶風靡海外的現在，最值得品嘗的好茶！

銀色包裝上頭印著「Silver Pot」，並以貼紙標示出茶葉的味道與香氣特色。裝入茶葉後會確實密封，避免茶葉香氣流失。

焦糖香料茶（Caramel Chai）

味道香甜深韻的香料茶。以阿薩姆的CTC茶為基底，混合搭配其他各年齡層都會喜愛的茶葉，最適合作為贈禮。

Jun Chiyabari 茶園
尼泊爾冬茶
（Nepal Winter Flush, Jun Chiyabari）

產自12月上旬的紅茶。味道清透不澀，卻極具深度。玫瑰與水果般的餘韻十分優秀。

LEAFULL DARJEELING HOUSE

DATA

LEAFULL DARJEELING HOUSE　リーフルダージリンハウス

地址／東京都中央區銀座5-9-17あづま大樓 1F
TEL／03-6423-1851
營業時間／11:00～20:00
店休／無　http://www.leafull.co.jp/

即使是同一個茶園裡的同一個品種的茶葉，根據採收期與種植範圍不同，味道和茶色也有極大差異。在這裡不僅提供了各種茶葉的特色和建議沖泡方式（包括適當的水量、水溫、萃取時間），還能試飲品嘗。

這裡的茶葉都有屬於各自的故事

「LEAFULL DARJEELING HOUSE」的社長山田榮回憶起印象最深刻的紅茶，是第一次到尼泊爾時在山區茶園裡所喝到的紅茶，時間竟然已經是二十年前了。「這麼說可能有點誇張，但那杯茶的香氣融合在金黃茶色中，喝下之後感覺身體彷彿都散發出光芒。」

當時亞洲局勢相當動亂，到尼泊爾旅行必須面對各種風險。在經歷千辛萬苦抵達後所品嘗到的這杯紅茶，心裡的感動更是加倍。如今山田小姐已經在紅茶的領域中度過二十多個年頭，她認為自己能夠像現在這樣認識許多好茶與茶農，一切都是拜「緣份」所賜。

從瞭解茶園開始的原味紅茶

桑格瑪與塔桑莊園 Yamada Bari DJ-27 2015夏摘茶
(Sungma Turzum, Yamada Bari DJ-27 2015 Second Flush)

茶園的一角有著山田小姐親自種下的「Yamada Bari」品種茶樹，是「LEAFULL DARJEELING HOUSE」的獨家茶葉之一。

柯蘭塞莊園香格里拉
(Guranse Shangri-la)

「柯蘭塞莊園」總是以品質為第一考量，使得這裡所生產的茶葉備受業界矚目。淡雅清香類似斯里蘭卡紅茶，味道溫和順口。

吉達帕赫莊園 DJ-1 China Special 2015 春摘茶
(Giddapahar DJ-1 China Special 2015 First Flush)

海拔1500公尺的吉達帕赫莊園所生產的春摘茶中最早採收的首摘茶，有著清爽馥郁的香氣。

阿薩姆 Amgoorie OR-230 2015 夏摘茶
(Assam Amgoorie OR-230 2015 Second Flush)

產自印度最大紅茶產區阿薩姆。帶有果香氣息的醇厚澀味喝起來韻味深厚。

烏巴高地莊園烏巴茶
(Uva Highlands, Uva)

味道純淨無雜，是最頂級的烏巴紅茶，可以品嘗到特有的香氣。

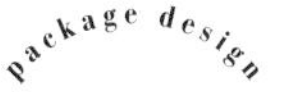

大吉嶺
特有的
纖細品味！

「LEAFULL DARJEELING HOUSE」的基本茶罐(照片為50g裝)外形簡單，沉穩的深綠色十分優美。不僅具設計感，還能確實遮蔽光線，避免茶葉變質。

瑪格麗特希望莊園 Kaho Delight DJ-232 2015 夏摘茶
(Margaret's Hope, Kaho Delight DJ-232 2015 Second Flush)

茶色清淡透明，有著鮮綠清爽的風味。這裡所生產的茶葉口感均衡，品質優良，是深受歡迎的茶園之一。

TEEJ

DATA

TEEJ　ティージュ

地址／東京都大田區田園調布2-21-17
TEL／03-3721-8803
營業時間／10:00～18:00
店休／日、例假日　http://www.teej.co.jp/

1～3）大片落地窗的店內整齊排放著各種茶葉與茶具，無論自用或送禮都很適合。4）豐富多樣的茶包使用的是便於沖泡出茶葉甜味的尼龍布製三角立體造形。

2 4 3 1

嚴選最美味的茶葉

紅茶專賣店「TEEJ」創立於一九八五年，開業的初衷是希望將這個一般人印象屬於英國人的飲品，從產地直接送到消費者手中。如今店裡每年會依照春摘、夏摘、秋摘等時節進貨三次，而且只挑選特定茶園的大吉嶺與阿薩姆茶葉。每年採購的茶園不盡相同，因為老闆森國安每年會親自走訪好幾趟產地，只挑選他認為最美味的茶葉作為店內商品。

「透過深入瞭解茶園，只篩選可以品嘗得到各個季節茶葉個性的紅茶。」之所以有這種堅持，是因為對他來說，與紅茶之間的相遇也是一生只有一次的機會。

將現摘的新鮮度送到消費者手中

也很適合新手飲用

Doomni茶園C-779 2015秋摘茶（Doomni C-779 2015 Autumnal）

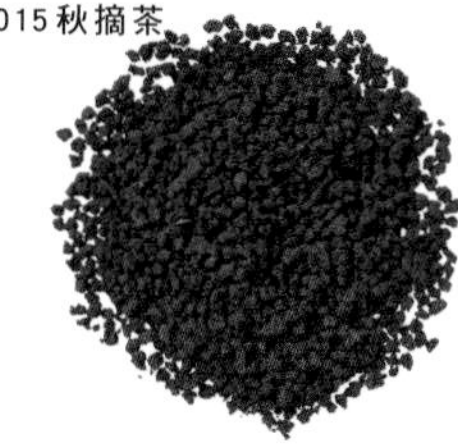

「Doomni 茶園」是個致力於維持茶葉高品質的知名茶園。這款茶的特色除了品嘗得到上等茶葉的溫和酸味與澀味之外，還有秋摘茶特有的甘甜、醇厚口感。

烏巴茶（烏巴高地莊園）（Uva Highlands, Uva）

嚴選自烏巴代表性茶園，有著清新的香氣與微苦的味蕾。透亮的橘色茶色中看得到美麗的金色光環（Golden Ring），是上等的烏巴茶。

尼爾吉里茶（Nilgiri）

「Nilgiri」直譯的意思為「青山」，位於印度南方丘陵地帶。這款產自尼爾吉里的茶葉少了紅茶特有的澀味，口感上與錫蘭紅茶相當接近。

package design

永遠珍藏的簡約設計

「TEEJ」的茶罐呈現立方造形的簡約設計。茶罐與標籤的顏色會根據內容茶葉做改變，例如照片中的茶罐是用來包裝大吉嶺和阿薩姆茶葉，其他烏巴茶用的是黃色茶罐，尼爾吉里茶用的是淡藍色茶罐。

Seeyok茶園 DJ-218 2015秋摘茶（Seeyok DJ-218 2015 Autumnal）

這款茶葉在當季秋摘茶中擁有明顯的花香，味道與香氣擁有非常好的平衡，沖泡後散發的香氣更是令人感到療癒。

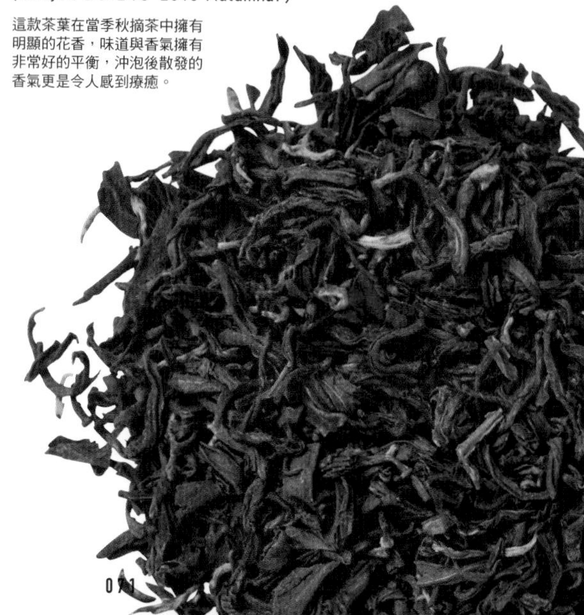

AOYAMA TEA FACTORY

DATA

AOYAMA TEA FACTORY　青山ティーファクトリー

地址／東京都大田區北千束3-23-7 東和大樓III 1F
TEL／03-6425-8348
營業時間／11:00～18:00
店休／年底年初（見網頁公告） http://a-teafactory.com/

這間佇立已久的茶館店內氛圍像家一樣，光顧的幾乎都是熟悉的常客。對於第一次來到這裡的客人，老闆也會親切以待，大家不妨抱著放鬆的心情來這裡坐一坐。

專營錫蘭紅茶的平價紅茶專賣店

這一間「AOYAMA TEA FACTORY」的老闆希望分享給顧客的，不是上等昂貴的飲品，而是一般人生活中都會接觸到的紅茶，因此店內只賣所有紅茶中大家最熟悉的錫蘭紅茶。這裡的茶葉全是老闆親自遠赴斯里蘭卡的茶廠，精心挑選的上等好茶。其中尤其是產自斯里蘭卡中央山脈東側、海拔一千公尺以上高山的烏巴茶，以及位於海拔兩千公尺峽谷中的努沃勒埃利耶茶，還有中央山脈西側廣闊緩坡上的汀普拉茶等，都是老闆的推薦。這裡也有混合了果肉與香料的風味茶，一定要試試看。

在斯里蘭卡
遇見最頂級的錫蘭紅茶

汀普拉盛西莊園 BOPF
(Dimbula Great Western BOPF)

盛西莊園是紅茶知名產地汀普拉的知名茶園之一，其中這款茶香氣淡雅好入喉，適合品嘗純紅茶。

老闆高度評價的
知名茶園珍貴好茶!

盧哈娜New Vithanakande茶園 OPA
(Ruhuna New Vithanakande OPA)

「New Vithanakande 茶園」的茶葉一直維持穩定的高品質，其中這款的特色是有著甘甜香氣和清爽的味道。

烏巴高地莊園BOP
(Uva Uva Highlands BOP)

有烏巴紅茶特有的清爽香氣，但整體味道均衡順口。沖泡純紅茶或奶茶都很好喝。

烏巴Dambatenne茶園BOP
(Uva Dambatenne BOP)

產自過去湯馬斯·立頓(Thomas Lipton)所擁有的「Dambatenne 茶園」，帶有花香與淡雅味蕾，適合沖泡純紅茶。

盧哈娜New Vithanakande茶園FF1
(Ruhuna New Vithanakande FF1)

產自榮獲多項世界大獎的茶園，香氣如蜂蜜般香甜，味道深韻醇厚。品嘗純紅茶或奶茶都適合。

chai break

DATA

chai break　チャイブレイク

地址／東京都武藏野市市御殿山1-3-2
TEL／0422-79-9071
營業時間／9:00～19:00；週六、日、例假日8:00～19:00
店休／週二

這間位於井之頭公園附近的茶館店面深長，氣氛怡然悠閒。在這裡，可以品味美味紅茶搭配隨季節變化的各式甜點。老闆水野先生早餐就連吃白飯也會搭配紅茶。

無論新手或茶饕皆能輕鬆在此品味好茶

「chai break」的老闆水野學過去曾從事紅茶業務批發及郵購，他一直希望可以開一間讓大家都能輕鬆品味紅茶的茶館，而「chai break」就是他實現願望的成果。

「一般人對紅茶都有一種拘謹的距離感，但我真的很希望大家可以在日常生活中更親近紅茶。」店內只挑選當季頂級茶葉，但對於品味紅茶的方式，這裡完全不會有任何「強迫性」的堅持。這是一間當你想「輕鬆喝杯美味紅茶」或「稍微休息一下」時，可以自在光臨的地方。這也是水野先生經營茶館最大的心願。

走訪各國茶園嚴選的 珍貴好茶

盧哈娜Lumbini茶園FBOPF EXSP Peak Quality (Ruhuna Lumbini FBOPF EXSP Peak Quality)

斯里蘭卡紅茶成交價最高的「Lumbini 茶園」所生產的 FBOPF EXSP茶。茶葉中含大量芽芯，澀味淡而富深韻。

大吉嶺塔桑莊園夏摘茶 (Darjeeling Turzum Second Flush)

塔桑莊園屬於桑格瑪莊園中的一部分，主要栽種限定品種的茶樹。這款茶葉正是取自其中的大吉嶺夏摘茶，有著香草般淡雅清爽的風味。

阿薩姆杜芙蕾婷莊園夏摘茶 (Assam Duflating Second Flush)

水野先生一向堅持以合理的價格提供美味紅茶，唯有這款香氣過人的頂級好茶，讓他著迷得寧願放棄堅持也一定要分享給愛喝紅茶的人。

輕鬆品嘗
頂級好茶

烏巴烏巴高地莊園 BOP Peak Quality (Uva Uva Highlands BOP Peak Quality)

產自知名烏巴高地莊園的「Peak Quality 茶」，獨特而強烈的薄荷風味與清新淡雅的味道形成絕妙的平衡。

令人想特地來此喝上一杯茶

人氣茶館 特選紅茶

recommend tea

偶爾到茶館悠閒享受午茶時光也不錯。
在接下來的這些地方，
你可以用一杯美味的紅茶，
度過至高的幸福時光！

攝影＝岡崎健志／內田年泰

CAFE 01

recommend tea

Tea Room BUN BUN

一杯講究的紅茶與一份手工製作的甜點

推薦好茶

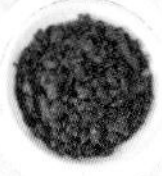

烏巴 Peak Quality
（Uva Peak Quality）

有著薄荷的清爽香氣，入喉後一股舒服的芳香久久不散。

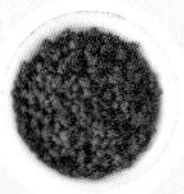

阿薩姆 CTC（Assama CTC）

快速沖泡就能展現濃郁味道，是店裡香料茶所使用的茶葉。

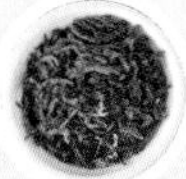

大吉嶺夏摘茶
（Darjeeling Second Flush）

甜味濃厚帶有香氣，卻能充分品嘗到清爽的香氣。

2

3

4

1

1）「阿薩姆」，濃厚的味道中帶有香甜。2～4）老闆娘親自製作的司康，搭配紅茶。另外也提供許多三明治等輕食。店裡以老舊的紅茶罐妝點得可愛動人。

DATA

Tea Room BUN BUN

ブンブン紅茶店

地址／神奈川縣鎌倉市佐助1-13-4
TEL／0467-25-2866
營業時間／10:00～19:00
店休／週二
http://www.bunbuntea.com

在溫馨氛圍中品味紅茶與甜點

「Tea Room BUN BUN」是由老闆小木曾先生與姊姊初鹿野小姐在一九七七年開設的小店，如今再加上小木曾先生的太太，三人共同在這裡為顧客提供美味紅茶。對小木曾與初鹿野姊弟倆而言，紅茶是生活的一部分，再加上後來到印度旅行時品嘗到大吉嶺春摘茶的美味而感動不已，希望在日本也能喝到如此新鮮美味的紅茶，於是才促使他們開了這家茶館。店裡提供來自世界各國共十一款茶葉，都是可以讓人身心獲得溫暖的美味紅茶。

CAFE 02

recommend tea

老茶館的紅茶本味

Tea House TAKANO

身為紅茶研究家的老闆精心挑選的好茶

一九七四年，日本尚未出現任何紅茶專賣店的時代，「TAKANO」成為第一家以紅茶為主的茶館。「在祖父的影響下，我從小就開始喝紅茶了。」說話的是老闆、同時也是紅茶研究家的高野健次。「產地因素再加上日本的水質不同於國外，紅茶喝起來味道也不一樣。」基於此，所有來自原產地的茶葉都經過他的反覆試飲，從中嚴選適合在日本飲用的茶種。

推薦好茶

錫蘭茶（Ceylon Tea）

永遠喝不膩的經典味道，從開店以來就是店內招牌，建議品嘗奶茶。

大吉嶺夏摘茶（Darjeeling Second Flush）

這款大吉嶺產自薔帕娜茶園（*Jungpana*），特色是香氣豐郁溫和，有著熟成的甜味。

「TAKANO」的招牌紅茶「錫蘭茶」。「TAKANO」位於書店林立的神保町，店裡以一張大桌子為中心，共設有60個座位。「在這個時代，更需要坐下來慢慢品味紅茶，為自己保留一段豐富心靈的時間。」老闆高野先生說道。

DATA

Tea House TAKANO

地址／東京都千代田區神田神保町1-3壽大樓地下1F
TEL／03-3295-9048
營業時間／10:00～21:00（週五～21:30）、週六、例假日11:00～19:30
定休／週日
http://www.teahouse-takano.com

2

3

1

CAFE

03

recommend tea

月光茶房

伴著黑膠音樂細心呈上一杯好茶

推薦好茶

阿薩姆（Assam）

選自「Doomni 茶園」的茶葉，味道濃郁溫和，喝來十分順口。

大吉嶺（Darjeeling）

來自薔帕娜茶園（Jungpana）的茶葉品質優良，口感雅致，澀味溫和。

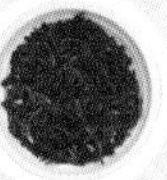

1・2）阿薩姆與大吉嶺內用都只要600日圓。喝茶所用的有田燒茶杯全是老闆親赴窯場帶回來的。在這，老闆會代客將熱水沖泡至茶壺內，接著讓客人自行倒茶，因為他希望讓客人可以喝到紅茶最美味的狀態。3）10坪左右的店裡隨時流洩著黑膠的樂聲。

DATA

月光茶房

GEKKO SABOH

地址／東京都涉谷區神宮前3-5-2 EF大樓B1F　TEL／03-3402-7537
營業時間／13:00～21:00
定休／週日、一
http://home.catv.ne.jp/ff/pendec/

吧台前 品味嚴選紅茶

「月光茶房」共有十席座位，全圍繞著廚房吧台。在這裡，你可以聽著老闆挑選的黑膠音樂，坐在吧台品味著紅茶或咖啡，搭配輕食餐點。老闆森國安會在顧客面前親自細心沖茶，所使用的是嚴選的「TEEJ」茶，依照每種茶葉的採收季節各別採購，可以品嘗得到依季節變化的紅茶味道。不只是紅茶，店裡就連咖啡與甜點都看得出老闆對美味的堅持。

CAFE 04

recommend tea

茶與甜點 MAYANCHI

品味紅茶與甜點的美味結合

結合紅茶、甜點與空間的輕鬆時光

老闆八代女士當初希望可以為許多人提供自己製作的甜點，因此於二〇〇六年在公寓大樓中開設了這個寬敞舒適的空間。店裡提供了無健康疑慮的甜點及四十款紅茶，都是經過老闆依照各產地一一品茶試飲，瞭解特色後精心篩選適合搭配甜點的茶葉。這裡也會舉辦一日密集式的紅茶教室，同樣非常受歡迎。

推薦好茶

汀普拉（Dimbula）

非常適合搭配甜點，品嘗純紅茶或奶茶都很美味。

大吉嶺Thurbo茶園（Darjeeling Thurbo）

這款大吉嶺春摘茶「Moonstone」又被譽為是「自然界的奇蹟美味」。

1）可以一次品嘗到甜點、三明治與紅茶的午茶套餐。2）老闆八代真由美親自製作的甜點有口皆碑，所開設的甜點教室也很受歡迎。3・4）店內裝潢由老闆的先生親自操刀設計。

DATA

茶與甜點 MAYANCHI　お茶とお菓子 まやんち

地址／東京都大田區蒲田5-43-7
Royal Heights 2F
TEL／03-6276-1667
營業時間／11:30～18:30　定休／日～木曜
https://www.mayanchi.net/

3

4

2

1

1）熟練沖泡著店內人氣茶飲「AIMI-TEA」的店長岩戶先生。2）店面位於服飾店林立的澀谷神南地區一角，2010年11月底曾進行改裝。3）「AIMI-TEA」。

DATA

肯亞 澀谷店

ケニヤン 渋谷店

地址／東京都澀谷區神南1-14-8 南部大樓1F
TEL／03-3464-2549
營業時間／11:30～22:00
定休／無
http://www.kenyan.co.jp

CAFE

05

recommend tea

肯亞 澀谷店

延續30年的招牌茶飲「AIMI-TEA」

推薦好茶

「AIMI-TEA」原味混合茶（AIMI-TEA Origin Blend）

用來沖泡「AIMI-TEA」的茶葉調配比例只有老闆知道。店裡的「紅茶碳酸特調」（Tea Squash）使用的也是這款茶葉。

肯亞原味混合茶（Kenya Origin Blend）

茶葉比「AIMI-TEAR」原味混合茶更細，味道濃厚，建議品嘗奶茶。

深受歡迎的老闆獨創紅茶「AIMI-TEA」

「ケニヤン」茶館自一九七八年開業至今，提供有九款紅茶與七款風味茶，但是八成以上的顧客來到這點的都是「AIMI-TEA」。「AIMI-TEA」使用的是老闆親自調配的獨創混合茶葉，將沖泡好的高濃度紅茶倒入放有碎冰的玻璃杯中，接著再加入牛奶即完成，也就是所謂的冰奶茶。甜度與茶韻之間擁有絕佳的平衡，非常好喝。

CAFE

06

recommend tea

鎌倉 歐林洞

古典洋房中的幸福紅茶時光

在美麗洋房中度過優雅午茶時光

「鎌倉 歐林洞」是美術館改建而成的茶館，提供優雅的午茶餐點。店裡提供十二款原味混合茶，尤其以別具特色的水果茶最受歡迎，適當的酸味與甜味讓人一喝上癮。「我們重點以西式糕點為主，並提供搭配飲用的紅茶。」紅茶與西式糕點的組合確如所言，是最美味的搭配組合。

推薦好茶

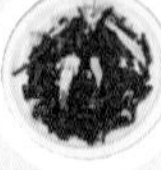

金盞花伯爵茶（Earl Grey & Marigold）

伯爵茶中混合了金盞花與錦葵花兩種香草，添增豐富味蕾。

Tropical Rose

鮮豔的深紅茶色中，以熱帶水果與玫瑰香氣添增酸甜口感。

2 3 1

1）「Tropical Rose」。特色是溫和濃郁的香氣與清爽的酸味。搭配磅蛋糕，非常受歡迎。2・3）店裡從壁紙到擺設、家具等全都是歐洲風格，是個完全歐式的空間。

DATA

鎌倉 歐林洞

KAMAKURA ORINDO

地址／神奈川縣鎌倉市雪之下2-12-18
TEL／0467-23-8838
營業時間／11:00～18:00
定休／無

2

3 1

CAFE

07

recommend tea

喫茶 OTORA

在優雅氛圍中細細品味紅茶

推薦好茶

汀普拉（Dimbula）

濃厚韻味，入喉溫順，少了刺激的澀味。

大吉嶺（Darjeeling）

嚴選每年春、夏、秋三次季節好茶，讓顧客喝得到每季不同的美味。

1）店裡優雅的氛圍透露出老闆夏目先生的個性。2・3）吧台前圍繞著一張大桌子，加上2人座的小桌子，店裡共有15個座位。紅茶以溫和順口的經典茶款為主。

DATA

喫茶 OTORA　喫茶 おとら

地址／東京都文京區向丘1-9-18
TEL／03-3815-7288
營業時間／9:00～20:00（L.O.19:30）
定休／不定期
http://www.o-track.com

在沉穩的空間裡享受美味紅茶

二〇〇七年開店的「喫茶 おとら」是個復古氛圍的悠閒沉穩空間，裡頭提供以印度與斯里蘭卡為主共十五款紅茶。

老闆夏目表示：「這裡不以特殊茶款取勝，主要提供經典茶葉，希望大家可以從中瞭解到紅茶的美味，進而愛上紅茶。」這裡的甜點同樣是老闆親自製作，有機會一定要來品嘗看看。

CAFE 08

recommend tea

以享受樂曲的心情品味紅茶

TEA SALON Gclef 吉祥寺店

深度品味職人紅茶

「Gclef」開店於二〇〇八年，是提供品嘗紅茶專賣店「TEA MARKET Gclef」茶葉的茶館。包括有機紅茶在內，茶單上清楚羅列出各款茶農認真栽種生產的紅茶與茶園名稱。「生產者與生產環境都會影響到茶葉的味道，每一杯紅茶都是生產者的作品。歡迎大家來這裡品嘗這些美味紅茶。」

推薦好茶

大吉嶺夏摘茶有機栽培
(Darjeeling Second Flush)

每年提供各茶園的頂級有機栽培大吉嶺春摘茶。

ROSE PEKOE

阿薩姆與大馬士革玫瑰混合調配而成的茶葉，是象徵印度文化的紅茶。

2

3

1

1）季節限定皇家奶茶與現烤手工司康套餐。2）「伯爵風味巧克力柳橙聖代」。3）「莓果生乳酪紅茶聖代」。

DATA

TEA SALON Gclef
吉祥寺店

ティーサロンジークレフ吉祥寺店

地址／東京都武藏野市吉祥寺本町 2-8-4
TEL／0422-26-9239
營業時間／9:00～22:00、週二、三 11:00～22:00
定休／12月31日、1月1日
http://www.gclef.co.jp

1）店裡目前不提供喝茶服務，只賣茶葉。網站上也有各種茶葉可供訂購，千萬別錯過。2）店內空間通風良好，非常舒適。3）店裡所有來自世界各地的各種茶葉，全由老闆倉林先生自己挑選採購。

DATA

葉藏茶屋

はぐら茶屋

地址／東京都三鷹市下連雀 4-17-2
TEL／0422-48-8937
營業時間／11:00 ～ 20:00
定休／不定期
http://www.hagurachaya.com

CAFE

09

recommend tea

葉藏茶屋

50種以上特色紅茶

推薦好茶

香料茶（Spice Masala Chai）

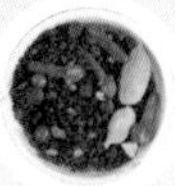

有著濃郁香料的味道，建議先品嘗純紅茶，再依個人喜好添加牛奶。

Cherry Snow Flower

焦糖的甜蜜香氣與溫潤口感，最適合冬末春初季節飲用。

以平價提供世界各種特色紅茶

二〇〇五年開店的「はぐら茶屋」，一開始的初衷是為了「以平實的價格提供顧客優質好茶」。兩坪大小的店面猶如山中小屋，白天陽光穿透屋內，氣氛舒適宜人。店名「はぐら」意思為「葉藏」，也就是茶葉倉庫，提供了包括歐亞及非洲等世界各地的茶葉，種類逾五十款，再以這些精選的紅茶依照日本人的口味調配成各種混合茶。

偶爾的極致奢華紅茶享受

知名紅茶品牌圖鑑

在擁有悠久歷史與深遠傳統的紅茶世界中，
也有許多新舊品牌。
本章將為大家介紹幾個你必須認識的知名茶葉品牌。

攝影＝樋口勇一郎／加藤史人／熊原美惠／Jun Arata　資料提供＝磯淵 猛

TEA'S BRAND

1

DILMAH

〔 帝瑪紅茶 〕

「DILMAH」的名稱
是創辦人取自兩個兒子「Dilhan」與「Malik」之名，
藉以期許自己能夠像栽培孩子般
認真經營這個茶葉品牌。

高海拔系列
朗單品特級紅茶
（RAN WATTE）

採自斯里蘭卡最高海拔產茶區努沃勒埃利耶的茶園，茶色較淡，後味清爽。

適合
搭配日式料理飲用

產地直送新鮮的斯里蘭卡茶葉

梅達中海拔單品特級紅茶
MEDA WATTE

產自斯里蘭卡的古城康提，沒有紅茶特有的澀味，適合作為日常飲用茶。

烏達中海拔單品特級紅茶
UDA WATTE

產自海拔 1200 公尺以上的汀普拉地區，口感溫潤，搭配各種料理都很適合。

雅達低海拔單品特級紅茶
YATA WATTE

採自圍繞在熱帶雨林中的盧哈娜地區茶園，特色是澀味淡，有著煙燻香氣。

左）帝瑪創辦人美林・費南多也是個優秀的品茶師。上）環繞在美麗大自然中的茶園。

茶包

右）帝瑪的招牌商品「莊園名茶」（Garden Fresh Tea）。
左）「伯爵紅茶」（EARL GREY），一般都以中國茶葉製成，但帝瑪卻十分講究地使用了錫蘭茶來製作這款茶。

為紅茶奉獻大半輩子源自對祖國的愛

「帝瑪」為了讓大家瞭解錫蘭紅茶特有的馥郁香氣與甜味，始終堅持產地一貫生產與直送，而且茶葉產地只限斯里蘭卡，絕不混摻其他國家的茶葉。創辦人美林・費南多（Merrill J. Fernando）出生於錫蘭西部海岸的小漁村，他也是錫蘭出身的第一位品茶師。成功以出口貿易坐擁名利的他，最大的夢想便是將新鮮的錫蘭茶葉直接送到世界各地的消費者手中，而不再透過第三國家。並將出口茶葉所賺取的利益，用來幫助在茶園裡工作的人們。

問：葳麗（帝瑪台灣總代理） TEL／(02)25581261 http://www.dilmah.com.tw

TEA'S BRAND

2

TWINGINGS

〔 唐寧 〕

1706年湯瑪士・唐寧
在英國倫敦開始了茶葉買賣事業。
經過了三個世紀的歲月，
唐寧至今仍舊以紅茶文化先驅的身分持續蛻變進化中。

茶罐上有著
英國皇室授予的御用標籤。

肖像畫家霍加斯（William Hogarth）繪製的湯瑪士・唐寧（Thomas Twining）肖像。現在的第十代繼承人為史帝芬・唐寧（Stephen Twining）。

歐式大吉嶺茶
（QUALITY DARJEELING）

嚴選大吉嶺茶葉，經過獨家調配混合而成，又被譽為「紅茶中的香檳」。

「伯爵茶」原始配方的擁有者

愛爾蘭早餐茶
（QUALITY IRISH BREAKFAST）

有著醇厚深韻、濃郁味蕾的混合茶。如同其名稱，這款茶在氣候嚴峻的愛爾蘭相當受歡迎。

皇家伯爵茶
（QUALITY EARL GREY）

熱愛紅茶的格雷伯爵唯一授權以自己名字命名的世界第一款伯爵茶，味道尊貴優雅。

威爾斯王子茶
（QUALITY PRINCE OF WALES）

混合了祁門茶葉，因此澀味較淡，味道沉穩，是為了1921年誕生的英國王子而調配的混合茶。

極品大吉嶺茶
（QUALITY VINTAGE DARJEELING）

嚴選錫蘭茶葉中的最高品質，香氣豐富，口感淡雅，深受人們歡迎。

錫蘭茶
（QUALITY CEYLON）

選用大吉嶺地區特定採收期與茶園的手摘茶，無論在香氣與味道上都十分優秀。

仕女伯爵茶
（QUALITY LADY GREY）

在皇家伯爵茶中添加了柳橙與檸檬果皮，以及矢車菊花瓣，香氣豐富。自發售以來就一直深受消費者愛戴。

持續引領紅茶圈超過三個世紀

提到「唐寧」，一定不能不提到伯爵茶的誕生。關於伯爵茶的誕生有許多說法，但可以肯定的是這款茶來自於十九世紀的英國首相格雷伯爵。在當時，格雷伯爵對派遣中國的使節團所贈送的武夷山紅茶情有獨鍾，於是委託可因應顧客要求調配各種混合茶的唐寧仿製這種茶葉。但當時茶葉取得不易，在不斷嘗試錯誤下，最後唐寧在中國紅茶中加入佛手柑油添增香氣，獻給了格雷伯爵，成了伯爵茶的起源。當時唐寧所想出的這個配方經過了一百七十年傳承至今，其中隱藏著其他茶葉品牌公司模仿不來的調配祕密。

問：欣臨（唐寧台灣總代理） TEL／0800-095-555 http://www.twinings.com.tw/

TEA'S BRAND

3

JANAT

〔 JANAT 〕

商標上兩隻緊靠在一起的貓咪，
意象取自創辦人傑納・多里斯心愛的寵物貓。

單品系列（Black Series）
PREMIUM DARJEELING

嚴選含有大量新芽的夏摘茶，有著夏摘茶特有的清爽香氣，適合品嘗純紅茶。

頂級系列
（Gold Series）
MARSEILLE
EARY GREY

以新鮮佛手柑添加茶葉香氣，天然清香十分優秀，深受好評。

為顧客提供 世界各地最頂級的美味紅茶

只在店裡販售的「OAK TEA」使用的是汀普拉手摘茶，並將茶葉放置橡木桶中熟成，使其產生煙燻香氣。另外，以草莓果肉與香草混合調配的「MERCI」同樣很受歡迎。（French Cafe JANAT 東京店，地址／東京都澀谷區神宮前 5-46-10，TEL ／ 03-6418-8272）

右）走遍世界各地尋找美味紅茶的傑納・多里斯。左）「JANAT」茶葉的味道與品質在2002年於巴黎舉辦的世界茶博覽會上獲得金獎殊榮。

OTHER

茶包

除了「經典系列」（Heritage Series）的基本茶款之外，有著麝香葡萄與焦糖等各種風味的「普羅旺斯系列」（Provence Series）風味茶也是熱銷茶款。照片最右邊的「經典系列純錫蘭茶」（Heritage Series PURE CEYLON）是連續兩年獲得世界茶博覽會金獎的頂級茶葉。

品項豐富的法國紅茶品牌

「JANAT」創辦人傑納・多里斯（Janat Dores）經常親自走訪世界各地尋找頂級食材，一去就是好幾個星期。每當他回到家時，家裡的兩隻愛貓總會跑到門口迎接主人歸來。貓不只為傑納帶來許多新創意，也是促使他創業的動力。

傑納曾說過：「我心愛的貓對我的忠心，引發了我的想法。如今我經營的宗旨，就是為顧客提供我自己所熱愛的食材，並且忠誠服務顧客。」如今，他的愛貓成了「JANAT」的企業精神，也象徵了他實現夢想的熱情。

TEA'S BRAND

HEDIARD

〔 黑蒂雅 〕

1854年，費迪南·黑蒂雅在巴黎的瑪德蓮那廣場開設了精緻美食專賣店，也開啟了「黑蒂雅」茶葉的歷史。

每天喝
也不厭倦

大吉嶺

嚴選頂級大吉嶺茶葉，有著熟果的香氣和圓潤的甜味，是品牌的招牌商品。

凝聚在
鮮紅茶罐中
上等茶葉的美味

不只是巴黎人，日本人的味蕾同樣被征服

鮮紅茶罐引人注目的「黑蒂雅」是美食國度法國頂級的高級食品專賣店，提供包括紅茶在內共六千種以上商品。「黑蒂雅」同時也是唯一獲准加入「法國精品企業協會」（Comité Colbert）的食品店，這個協會組織成員包括許多一流品牌，全都是傳統、品質及創新精神受到認可的企業。「黑蒂雅」的紅茶優雅經典，超過百種的豐富茶款全都來自嚴選茶園的茶葉，經由知名調茶師調配而成。其中以「大吉嶺」與使用西西里島佛手柑增加風味的「黑蒂雅特調風味茶」（HEDIARD BLEND）最受歡迎。

黑蒂雅特調風味茶
（HEDIARD BLEND）

以中國茶葉為基底的混合茶，添加了佛手柑與柳橙等添增香氣。建議品嘗純紅茶感受其豐富芬香。

下午茶
（AFTERNOON TEA）

擁有香醇香氣與深韻的錫蘭茶葉，茶色優美，給人典型的紅茶印象，適合悠閒放鬆的午後飲用。

早餐茶
（BREAKFAST TEA）

以擁有強烈味道特性的阿薩姆茶葉，與香氣舒服的錫蘭茶混合調配而成。味道清新，非常適合早晨醒腦飲用。

四水果茶
（FOUR RED FRUIT TEA）

茶葉中混合了大量的草莓、覆盆子、紅醋栗和櫻桃，酸酸甜甜的香氣也很適合做成冰茶。

問：誠品酒窖

TEA'S BRAND

Harrods

〔 哈洛德 〕

哈洛德是世界知名的百貨公司，也是倫敦的地標之一。
但事實上，哈洛德創業之初的主要商品其實正是紅茶茶葉。

倫敦哈洛德百貨中的餐廳
也有提供這款茶葉

哈洛德18號
喬治亞特調
（GEORGIAN
BLEND No.18）

將阿薩姆、大吉嶺與錫蘭茶葉做適當混合調配而成，可以品嘗純紅茶，也可以沖泡成奶茶。

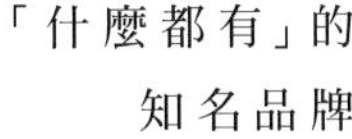

170種以上茶款 任君挑選

以「將所有東西送到世界上的每個人手中」為宗旨的世界知名高級百貨公司「哈洛德」百貨，是由查爾斯・亨利・哈洛德(Charles Henry Harrod)創立於一八四九年，開業初期只是一家以販賣紅茶為主的小食品店。後來店面遭遇祝融，幾乎整間店全燒光了，但面對事件的後續迅速處理態度卻讓它成功贏得了顧客的信賴。之後哈洛德又再重新開幕，全新的寬敞新店面正是如今哈洛德百貨的原型。

自開業以來就一直存在的主要商品——紅茶，這裡提供了多樣豐富的選擇，例如適合不同場合的各種原味混合茶等。採購者會走訪世界各地的茶園，親自品茶挑選，最後只有品質受到認可的茶葉可以成為哈洛德的商品。

哈洛德14號英式早餐茶
(BLEND No.14 ENGLISH BREAKFAST)

混合了大吉嶺、阿薩姆、錫蘭、肯亞等四種茶葉的英式早餐茶，每天喝也不會厭倦。

哈洛德42號伯爵茶
(BLEND No.42 EARL GREY)

中國紅茶特有的煙燻香氣與佛手柑油的香氣呈現絕妙的平衡，無論熱飲或沖泡成冰茶，都能品嘗到清爽的味蕾。

玫瑰風味茶
(Flavour Black Tea ROSE)

在溫和順喉的印尼紅茶中添增玫瑰香氣，入口後優雅華麗的玫瑰香氣會在口中散開來。(25入茶包)

問：新光三越百貨　TEL／(02)27573127　https://www.skm.com.tw/harrods/

TEA'S BRAND

6

Benoist

〔 貝諾亞 〕

傳承著三位英國皇室賜勳殊榮的傳統。

招牌人氣商品的經典混合茶

英式早餐茶（ENGLISH BREAKFAST）

以印度茶葉為主的混合茶，建議沖泡成皇家奶茶或香料茶飲用。

重視茶葉新鮮度，堅持少量包裝

「貝諾亞」來自十九世紀中期法國傳奇廚師馬須・貝諾亞（Monsieur Benoist）於英國開設的高級美食品牌，一直深受許多上流階級的愛戴，過去還曾經上貢給英國皇室。在東亞，

創辦人
馬須・貝諾亞
罕見的才能
令皇室深深著迷

大吉嶺（PURE DARJEELING）

有著麝香葡萄的果香氣息及溫潤的澀味。有些忠實愛好者甚至堅持大吉嶺就只喝這一款。

頂級大吉嶺（FINE DARJEELING）

使用知名薔帕娜茶園（Jungpana）的茶葉，茶色淡，有著出眾的馥郁香氣。

蘋果茶（APPLE TEA）

以阿薩姆為基底，充滿蘋果香甜清新的香氣。

阿薩姆（ASSAM TEA）

香氣醇郁，味道深韻甘美。深紅的茶色十分漂亮。

伯爵大吉嶺（DARJEELING EARL GREY）

使用印度大吉嶺茶葉，以柑橘果香的佛手柑添增清爽香氣，是這款茶的一大特色。

品牌如今仍傳承著馬須・貝諾亞的傳統精神。

「貝諾亞」則因為曾出現在電影《電車男》中而一躍成名。品牌的茶葉來自印度及斯里蘭卡等品質值得信賴的茶園，且基於茶葉的新鮮度關係到紅茶的美味，因此堅持茶葉包裝以方便短時間內喝完的六十公克為標準重量。除了罐裝之外，另外也提供補充包式的茶葉，這一點對消費者而言非常有吸引力。

TEA'S BRAND

7

MARIAGE FRÈRES

（ 瑪黑 ）

以茶館聞名，
擁有500種以上茶款的法式紅茶專賣店。

藍紫色的花瓣
添增了華麗感

法式藍伯爵
（EARL GREY FRENCH BLUE）

以中國茶葉為基底，經過獨家調配比例製成，有著法式的優雅口味。

享譽全球的法國最古老紅茶專賣店

法國早餐茶（FRENCH BREAKFAST TEA）

最受歡迎的招牌混合茶，香氣馥郁，味道強烈，帶有圓潤的甜度。

巴黎紐約茶（PARIS NEW YORK）

以柑橘果醬與香甜布里歐修麵包的香氣象徵巴黎，並以榛果與焦糖香氣象徵紐約。

快樂紀念日茶（HAPPY TEA）

花香中添增柑橘與棉花糖的香氣，使氣味更豐富有層次。

OTHER

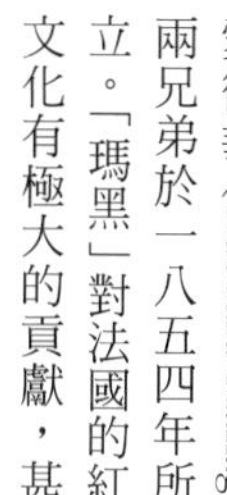

禮盒組

以熱銷茶款搭配而成的禮盒系列品項也很豐富。左）「紅茶禮盒 NGS-1C」。右）「紅茶與茶壺禮盒 NGS-80」。

隨時以創新的點子提供消費者更多享受

「瑪黑」是法國最早的一家紅茶專賣店，正如品牌名稱「瑪黑兄弟」的意思，是由亨利(Henri Mariage)與愛德華(Edouard Mariage)兩兄弟於一八五四年所創立。「瑪黑」對法國的紅茶文化有極大的貢獻，甚至有人說「提到法國的紅茶歷史，絕對不能不提瑪黑兄弟」。創業當時設立於巴黎瑪萊區(Le Marais)的茶館如今仍然持續營業著，來自世界各地的許多人到巴黎都會來到這裡，為的就是在充滿歷史氛圍的茶館裡，品嘗一杯頂級紅茶。

左）「瑪黑」當初於巴黎瑪萊區開業時，與知名食品專賣店之間也有交易往來。右）1845年創辦人亨利．瑪黑駐守在店裡的景象。

TEA'S BRAND

Palais Des Thés

〔 茶宮殿 〕

品牌名稱是法文中「茶館」的意思。
以專業的獨創調配比例所製作出來的風味茶十分美味動人。

適合做成奶茶
或冰茶

帝王伯爵
（THE DES LORDS）

品牌所有伯爵茶中香氣最濃郁、味道最強烈的一款混合茶，充滿個性的香氣同樣也很受歡迎。

不斷追求、最高品質與頂級美味的紅茶

一間由紅茶專家開設、專為達人提供好茶的茶館

「茶宮殿」是五十位茶葉專家與愛好者為了追求更高品質的紅茶而開設的茶館，地點就在巴黎的蒙帕那斯(Montparnasse)。一九八七年創業當初，為了確保茶葉的新鮮度與品質，茶館裡所有茶葉都是他們親自遠赴二十多個茶葉產地購買回來的。

茶是僅次於水的日常飲品，但茶樹其實是非常嬌貴、需要細心呵護的農作物，而且受到氣候與地勢等條件的影響，茶葉的味道也會產生極大的變化。從買賣的觀點來說，即使與茶園之間有交易往來，也不代表雙方就擁有互信關係。因此他們才會選擇定期走訪茶園，反覆品茶試飲，只從中嚴選真正好品質的茶葉提供給消費者。

三菩提產區
（SAM BOHDI）

最頂級的努沃勒埃利耶高山錫蘭紅茶，蜂蜜般的深度滋味帶有甜膩，清澈的淡雅香氣十分優秀。

大笨鐘茶（BIG BEN）

混合了阿薩姆和雲南茶葉，溫潤與強烈口感之間達到絕佳的平衡，是款香氣醇厚香氣、味道深韻的紅茶。

碧藍之山
（MONTAGNE BLEUE）

茶葉以草莓、藍莓與薰衣草增添香氣，再混合藍紫色的矢車菊花瓣，喝起來有著清爽香甜的香氣。

俄式7種柑橘紅茶
（GOUT RUSSE
7 AGRUMES）

茶葉中添加了甜橙、橘子等7種柑橘的香氣，展現清涼的氣息，適合喜愛柑橘類風味茶的人。

問：杜樂麗　TEL／(02)8771-0968　http://www.thes.com.tw

TEA'S BRAND

9

FAUCHON

〔 馥頌 〕

如今專賣食品相關的所有商品，
品項之多，甚至被譽為「只要到馥頌，沒有買不到的東西」。

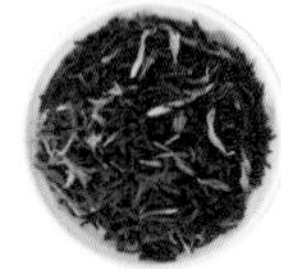
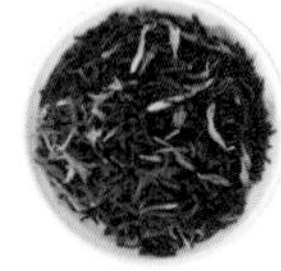

馥頌特調
（MELANGE FAUCHON）

將紅茶與綠茶以絕妙的平衡混合調配，再加上香草、玫瑰花瓣和薰衣草，高貴香氣令人著迷。

伯爵矢車菊
（EARL GREY & BLEUETS）

伯爵茶中混合著矢車菊花瓣，洗練優雅的香氣令人印象深刻，喝完心情跟著沉穩了下來。

紀念日
（ANNIVERSAIRE）

以生日蛋糕為意象、豐富多彩的一款混合茶。茶葉裡添加了薄荷和錦葵花瓣，並以覆盆子與奶油添增香氣。

巴黎的午後紅茶
（UN APRÈS-MIDI À PARIS）

有著巴黎午後夕陽風情的風味茶。添加了玫瑰花瓣與橙皮，還有香草的香甜氣味。

以嶄新的創意提升法國的紅茶文化

一八八六年，奧古斯特・馥頌（Auguste Fauchon）在巴黎瑪德蓮廣場（Place la Madereine）開了一家小小的蔬果店，店裡最大的宗旨便是「只賣其他地方買不到的高級食品」，以及「商品豐富足以滿足各界美食家」。

其中紅茶是馥頌自創業當初就一直不斷投入心力的商品之一，直到現在仍是如此。不只堅持茶葉的品質，更獨家研發各種風味茶，包括一九六〇年代在茶葉裡添加水果，一九七〇年代混合各種花瓣等。一九九八年更引進使用以超薄尼龍布製成的茶包，被稱為「水晶茶包」，使得容易受損的茶葉可以

不斷挑戰新嘗試、持續進化的傳統老品牌

瑪格麗特希望莊園大吉嶺（DARJEELING MARGARET'S HOPE F.T.G.F.O.P.1）

大吉嶺南部瑪格麗特希望莊園的夏摘茶。

有麝香葡萄的香氣與堅果風味

錫蘭 B.O.P.（CEYLAN B.O.P.）

混合了錫蘭低海拔與高海拔茶葉，茶色為美麗的深紅色，香氣濃郁，細緻的味道適合品嘗純紅茶。

完整確實地萃取出真正的美味。

TEA'S BRAND

AHMAD TEA

〔 亞曼 〕

1953年，亞曼・艾夫沙憑著在英國學到的調茶技術，
創立了「亞曼」品牌。

也適合
作為晚茶飲用

伯爵茶
（EARL GREY TEA）

充滿佛手柑高貴香氣的混合茶，沖泡成奶茶也很美味。

讓優質紅茶
成為大眾日常飲品

將紅茶文化帶進英國市井小民的生活

一九五三年，亞曼・艾夫沙(Ahmad Afusha)在英國倫敦創立了「亞曼」。紅茶在當時是上流社會的嗜好品，而他卻以一般大眾也能輕鬆享受的價格提供給市場。尤其是伯爵茶等受歡迎的茶款，不僅價格平實且美味，十分受到好評。

一九八六年，「亞曼」開始發售罐裝茶葉，原本只能在店裡品嘗的平價紅茶，從此大家也能在家享用了。

品牌創立者亞曼・艾夫沙的初衷是「讓優質紅茶成為大眾日常飲品」，如今「亞曼」仍承襲著這個宗旨，持續秉持高品質與平實價格的企業基本理念。現在的「亞曼」已是世界第五大紅茶品牌，在八十幾個國家深受愛戴。

四種茶葉組合包（茶包）

左）集合四種招牌茶款的經典組合包（Classic Tea Selection）。右）內含真正水果片的水果茶組合包（Fruit Tea Selection）。（2公克20包入）

無咖啡因伯爵茶
（DECAF EARL GREY，茶包）

以特殊製法將最受歡迎的伯爵茶去除咖啡因，適合懷孕及哺乳期女性，或是作為晚安茶飲用。（2公克20包入）

無咖啡因香蕉焦糖茶包
（DECAF BANANA & CARAMEL，茶包）

在經過特殊製法去除咖啡因的茶葉中，添加了香蕉與焦糖的味道，適合沖泡成奶茶飲用。（1.5公克20包入）

TEA'S BRAND

WEDGWOOD

〔 瑋緻活 〕

研發出美麗乳白色「高級骨瓷」的瑋緻活，
從此改變了英國的紅茶文化。

散發著
佛手柑唯美的香氣

伯爵茶
（EARL GREY）

結合了中國與錫蘭茶葉的香氣，在瑋緻活的陶瓷襯托下，茶色與味道顯得十分優美。

問：瑋緻活　TEL／(02)2550-8000　http://www.wedgwood.com.tw

家喻戶曉的知名英國陶瓷品牌

瑋緻活原味茶
(WEDGWOOD ORIGINAL)

使用的是印度嚴選茶園的手摘茶，不僅可以品嘗純紅茶，也很適合做成奶茶。

英式早餐茶
(ENGLISH BREAKFAST)

混合了阿薩姆、肯亞、斯里蘭卡等地的茶葉，味道濃厚深韻，特別適合沖泡成奶茶品嘗。

美麗的陶瓷 襯出高貴品味的紅茶

一七五九年，有「英國陶工之父」美譽的約書亞．瑋緻活(Josiah Wedgwood)創立了「瑋緻活」陶瓷品牌，兼顧美感與使用方便的陶瓷使得所有料理更顯美味，也豐富了餐桌上的色彩。品牌依據獨創配方調配製成的紅茶，講求不僅要能與美麗的陶瓷相襯映，還必須展現典雅高貴的風味。經過不斷反覆研究實驗，最後研發出許多高品質的頂級茶款。約書亞．瑋緻活期望可以「結合藝術與技術，持續推出超越時代腳步的作品」，而他的這份精神，如今仍展現在品牌表現上。

TEA'S BRAND

12

DAMMANN FRÈRES

〔 蓮蔓 〕

將伯爵茶依照法國人喜好調配而成的茶款「俄羅斯情人」，
是品牌的熱銷商品。

清爽的
柑橘氣息

俄羅斯情人，No.1
（GOUT RUSSE DOUCHKA）

將誕生於英國的伯爵茶變化為法式風味，高雅的味道中充滿柑橘香氣。

知名法國風味茶品牌

四紅果茶，No.4
（4 FRUITS ROUGES）

混合了紅醋栗、覆盆子等四種「紅色水果」，為原本的紅茶茶葉增添酸甜芳香。

東方綠茶，No.2
（L'ORIENTAL）

以中國茶為基底，添加桃子、百香果、野莓等水果香氣，非常具有品牌經典風格的一款風味茶。

出自知名調茶師之手的風味茶

自從一六九二年榮獲路易十四授予法國境內紅茶茶葉專賣權以來，「蓬蔓」的名字就一直與法國紅茶文化形影不離。而提到品牌的歷史，就不能不說到約翰・拉豐（Jean Jumeau-Lafond）這號人物，他所研發的創新風味茶不僅迷惑了法國，也引起世界各國的注目。

一九二五年，蓬蔓兄弟創立了紅茶專賣店「蓬蔓」（DAMMANN FRÈRES），從此紅茶成為上流階級的嗜好品，形成一股紅茶文化。「蓬蔓」也以「俄羅斯情人」這款英國伯爵茶變身為具法式風味的調味茶等其他茶款，朝法國首席紅茶品牌的地位不斷邁進。

TEA'S BRAND

13

A.C.PERCH'S

〔 A.C. PERCH'S 〕

氣味芳香優雅的
丹麥皇室御用紅茶。

丹麥最普及的紅茶

女王特調（QUEENS BLEND）

品牌為丹麥女王瑪格麗特二世調製的茶款。在以錫蘭茶為基底的伯爵茶中混合了中國綠茶，風味優雅。

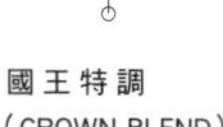

國王特調
（CROWN BLEND）

這款茶的特色是口感如絲綢般滑順，且散發著蘭花的香氣。使用的是以茶葉新芽為主的上等祁門紅茶，豐富味蕾與「國王」之名合符其實。

O.P.錫蘭茶（CEYLON O.P.）

溫潤的澀味在稍微強烈的口感及韻味中化開，留下清爽的後味。適合下午茶飲用。

與皇室相關的可愛命名

「A.C. PERCH'S」是北歐第一家紅茶專賣店，至今已有一百八十年的歷史，是丹麥皇室御用、深受皇室成員喜愛的知名品牌。品牌創立於一八三四年，同年大英帝國也解除了東印度公司對中國貿易的獨占權，紅茶文化頓時在上流社會中形成一股飲用的風潮。

TEA'S BRAND

14

MELROSE'S

〔 梅洛斯 〕

隨著東印度公司喪失獨占權、中國貿易自由化之後，
梅洛斯也迅速開啟了與中國茶園之間的交易往來。

憑著歷史傳統與長年累積的技術 深受眾人愛戴

阿薩姆（ASSAM）

採自全世界最大茶葉產地印度（阿薩姆），深紅褐色的茶色與甘甜的香氣為一大特徵，是一款口感溫順、具深韻的紅茶。

女王大吉嶺
（QUEEN'S DARJEELING）

以專業熟練的技術調配而成的混合茶，是代表性商品。高貴優雅的氣質具符合「女王專用茶」的特色，十分優秀。

英國早餐茶
（ENGLISH BREAKFAST）

混合了錫蘭與阿薩姆茶葉調配而成的熱銷茶款。香醇的香氣與濃厚的韻味，適合搭配大量牛奶沖泡成奶茶飲用。

蘇格蘭格紋 展現十足的英國風味

創辦人安德魯・梅洛斯（Andrew Melrose）是個擁有生意頭腦的人，二十二歲開店創業以來就一直活躍於紅茶貿易的領域。為了買到更新鮮、品質更好的茶葉，他將長子滯留在中國，自己也投入鑽研如何縮短茶葉運送的時間。一八六五年，知名評茶師、也是調茶師的約翰・麥克米倫（John MacMillan）亦加入了品牌的製茶研究工作。

TEA'S BRAND

15

HAMPSTEAD TEA

〔 漢普斯敦有機茶 〕

誕生於 1997 年的新興品牌，
旗下商品伯爵茶曾榮獲 2009 年的有機食品獎。

有機茶
特有的天然美味

伯爵茶(EARLGREY)

以義大利佛手柑萃取的天然果油增加茶葉香氣，味道清新淡雅。

大吉嶺(DARJEELING)

來自馬卡巴力莊園(Makaibari)特選的大吉嶺茶葉，隨著清爽的口感入喉後，一股水果香氣隨即在口中散發。

OTHER

茶包

皇家洋甘菊茶包(ROYAL CAMOMILE)。(20包入)

鑽研於大吉嶺紅茶的有機茶

具十六年品茶經驗的姬蘭・塔瓦蒂(Kiran Tawadey)創立了「漢普斯頓有機茶」之後，便找來大吉嶺地區歷史最悠久的馬卡巴力莊園成為品牌的契作茶園。馬卡巴力莊園同時也是英國皇室御用的有機農場，這裡完全不使用化學肥料與農藥，改採生機互動農法，所生產出來的有機茶廣受世界各國的愛戴。

問：仁碩　TEL／(02)2587-5100　http://www.hampsteadtea.com.tw

TEA'S BRAND

16

TEEKANNE

〔 恬康樂 〕

英國早餐茶
（ENGLISH BREAKFAST）

以獨特調配技術混合使用多種茶葉，熟悉的味道沖泡奶茶也很適合。（20包入）

伯爵茶
（EARL GREY）

以天然佛手柑油添增香氣，為風味馥郁的經典茶款。（20包入）

記錄紅茶與香草茶歷史的德國老品牌

以研發出「雙層茶包」（Double-Chambered Tea Bag）而聞名的「恬康樂」，商品雖然只有茶包，沒有散茶，但每個茶包會再各別以鋁箔包裝，藉以保持茶葉新鮮風味。經典茶款包括伯爵茶與大吉嶺等。

TEA'S BRAND

17

Mrs.Bridges

〔 英橋夫人 〕

午茶
（AFTERNOON TEA）

混合了印度與印尼的茶葉，有著清爽的風味。

大吉嶺

經典大吉嶺茶葉，香氣新鮮醇厚，有著絕佳平衡的甜味與澀味。

以歷久不衰的經典戲劇主角為商標設計

「英橋夫人」的品牌概念取自過去英國知名戲劇《樓上，樓下》（Upstairs, Downstairs）中的主角「Mrs. Bridges」。這是一部描寫上流階級家庭的戲劇，其中主角「Mrs. Bridges」十分受到觀眾喜愛。「英橋夫人」在茶園管理上十分嚴謹，只精選頂級茶葉提供給消費者。

TEA'S BRAND

18

EAST INDIA CAMPANY

〔 東印度公司 〕

皇家早餐茶（ROYAL BEAKFAST）

BOP與OP的混合茶，1664年曾上貢給查理二世。（20包入）

首席莊園阿薩姆（THE FIRST ESTATE ASSAM）

使用阿薩姆地區最古老莊園的茶葉，有著強烈的香氣與味道。（10包入）

全球紅茶貿易 一切都從東印度公司開始說起

「東印度公司」在伊麗莎白一世的授予下創立於一六〇〇年，主要以香辛料貿易聞名，但它同時也是開啟全世界紅茶文化的推手。一八七四年曾因政治因素短暫解散，如今的「東印度公司」是取得英國紋章院的紅茶販賣許可後又重新設立的企業。

EAST INDIA COMPANY
http://www.theeastindiacompany.com/

TEA'S BRAND

19

蘋果茶（RED APPLE TEA）

錫蘭茶葉中添加了蘋果的風味茶，味道甘甜清爽。

TEA BOUTIQUE

〔 TEA BOUTIQUE 〕

玫瑰茶（ROSE TEA）

茶葉之中混合大量玫瑰花瓣，香氣誘魅動人。

深受歡迎的 頂級茶葉風味茶

一般風味茶大多使用BOP或是BOPF等級的茶葉，然而「TEA BOUTIQUE」卻堅持只用茶葉葉片大小一致、茶色天然優美且香氣持久的OP等級茶葉來調配風味茶。OP茶直接沖泡就很美味，使用這種頂級茶葉為原料所調配出來的風味茶，就連紅茶愛好者也給予高度評價。

日本綠茶中心　http://www.jp-greentea.co.jp/

TEA'S BRAND

20

LIPTON

〔 立頓 〕

從經典紅茶到擁有甜點香氣的風味茶應有盡有

香氣持久的甜點風味茶，以及熱銷百年的黃標紅茶都深受大眾好評。

促進紅茶文化普及的偉大品牌

「立頓」由湯馬斯・立頓（Thomas Lipton）創立於一八七一年，如今風靡全世界一百五十多個國家，也是日本一九〇六年第一個進口的國外紅茶品牌。湯馬斯很早就擁有自己的茶園，並不斷開發茶葉配方，以創新的嘗試引領業界。

問：聯合利華
TEL／0800-311-699　http://www.lipton.com.tw/

TEA'S BRAND

21

日東紅茶

〔 にっとうこうちゃ 〕

種類豐富的各式茶包

以「香醇紅茶」作為全葉茶款的商品名稱，簡單明瞭的命名方式十分有趣。

日本第一個紅茶品牌歷久不衰的企業形象

創立於一九二七年的日本第一個紅茶品牌，秉持著將高級舶來品的紅茶帶進一般人家中的理念不斷嘗試各種創新，成為日本紅茶文化的先驅。除了有著紅色茶壺標籤的暢銷商品「Daily Club」茶包之外，也持續開發各種無咖啡因的紅茶。

三井農林株式會社　http://www.nittoh-tea.com/

Toshihide Horiguchi

「紅茶的魅力」達人談義

紅茶一向給人優雅印象，就像它的茶器般。事實上，紅茶是生長於大自然田裡、受風吹日晒的農作物。接著就由紅茶研究家磯淵猛來訴說紅茶真正的魅力。

攝影＝伊東武志／深澤慎平

Coffe master

「紅茶與食物一起搭配享用會變得更美味吶！——堀口」

這回，我們邀請喜愛紅茶、也經常喝紅茶的咖啡愛好者代表堀口俊英，來到紅茶愛好者磯淵猛經營的紅茶專賣店「dimbula」進行關於紅茶的對談。

針對產地與特性做概略介紹

過去，紅茶相較於咖啡市場似乎比較弱勢，然而，如今情勢已經漸漸扭轉。

磯淵 同樣是作為嗜好品的熱帶作物，紅茶與咖啡正好是兩個對比的飲品呢！

堀口 如果以市場大小來說，是咖啡贏(笑)。

磯淵 很遺憾的，應該有十倍以上吧……

堀口 不過在肯亞與坦尚尼亞等盛產咖啡的國家，有些地方的人卻習慣喝茶。

磯淵 因為紅茶比較便宜吧！

堀口 以前我走訪咖啡產地時，看到的都是廣闊的茶園，咖啡田只有零星幾處(笑)。最近肯亞咖啡的品質非常好，但那裡的人喝的卻是紅茶。

磯淵 肯亞生產紅茶的歷史約只有五、六十年，比起其他地方算是新興產區。

堀口 因為肯亞過去是英國殖民地，所以當然是喝紅茶。

磯淵 肯亞的紅茶品質也很好，應該是因為才剛投入生產不久，所以設備都很新的關係吧？

堀口 咖啡也是一樣，產量與品質都算數一數二的。

磯淵 咖啡產量最多的還

Takeshi Isobuchi
interview

堀口俊英
（Tosihide Horiguchi）

「堀口珈琲」董事長，日本精緻咖啡協會（Specialty Coffee Association of Japan，SCAJ）理事長，日本咖啡文化學會常任理事。

磯淵 猛
（Takeshi Isobuchi）

紅茶研究家、散文作家。經營有紅茶專賣店「dimbula」，活躍於紅茶進口販售及技術指導等各領域。

Tea master

「紅茶要花時間慢慢享受。只要一壺紅茶，就能為所有人帶來幸福。——磯淵」

是巴西嗎？

堀口 沒錯，巴西是全世界產量最多的國家。在過去，當地的咖啡鑑定師會將各個產地的咖啡混合調配，再透過買家流通到全世界，也就是大家所熟悉的巴西咖啡。不過現在市場上開始有了其他聲音，例如「哪個農場的哪個範圍所種的咖啡比較好喝」，或是「希望可以瞭解每個地區與農場之間不同的咖啡特性，而不要單以國名或較大的地名來概括」等，因此慢慢形成一股「精緻咖啡」的概念。

產地決定了味道，與食物的搭配亦愈趨重要

磯淵 在英國，每個人平均的紅茶飲用量已經從過去的2公斤掉到現在的1.8公斤，所以英國人不斷在思考要怎麼再帶動人民多喝紅茶，重回過去的盛況。我之前在英國與現任「唐寧」董事長史帝芬・唐寧會面時他也提到，「我們家族賣紅茶已經賣了三百年了，後來也從錫蘭進口咖啡來賣。所以雖然現在喝紅茶的人愈來愈少，但我們並不會因此感到擔心或高興。」

堀口 因為是有歷史的品牌了，所以才能這麼輕鬆面對吧（笑）。不過，受到國外咖啡連鎖店的影響，日本人好像也開始從紅茶改喝咖啡了？

紅茶與咖啡雖是兩大不同領域，卻同樣是嗜好品。兩位分別研究這兩種飲品、活躍領域相近的達人，在紅茶專賣店「dimbula」展開精采對話。

上）和煦陽光透過大面落地窗射入屋內。下）店裡所有工作人員都是女性。

紅茶與咖啡都很深奧

磯淵　尤其現在的冰咖啡變得更好喝了，喝下去之後會感到一股香氣，後味很快就會消失，口感很清爽。

堀口　過去大多是用油脂少、酸度低的中果咖啡（Robusta）來調配冰咖啡的豆子，但現在為了講究品質，已經都改用阿拉比卡咖啡了。所以整體來說，冰咖啡的味道變得比以前更好。不只如此，現在各個產地的咖啡味道與香氣也變得愈來愈明顯了。

磯淵　以咖啡來說，技術也會影響到味道吧，像是烘焙豆子等。相較於此，紅茶茶葉在產地就已經完全成形，所以生長環境帶來的個性會比較明顯。

堀口　說到搭配食物，這不管對咖啡也好，紅茶也好，都很重要。日本在二十年前都還是用咖啡作為用餐句點，後來就變成了喝紅茶。

磯淵　咖啡可以單獨品嘗做出評斷，但是紅茶一定得要搭配食物。要讓東西變得好吃，怎麼吃很重要。在英國，上桌的第一件事一定是先喝紅茶，用餐時也會搭配紅茶，餐後同樣喝的是紅茶。以一天來說，早餐喝紅茶，油膩的午餐搭配的也是紅茶，晚餐時雖然是喝紅酒，不過最後一定是以紅茶做為結尾。英國料理如果也可以跟著紅茶一起流傳到全世界就好了……（笑）。

堀口　紅茶好像有清理口腔的作用吧！

磯淵　因為紅茶中的單寧

品茶用的是專用的杯子。這些專用器具與茶葉，都可以在「dimbula」的網站上買到。

用紅茶清理口腔

會分解油脂，可以讓嘴巴回復到第一口的美味。紅茶雖然是有歷史文化的飲品，但只有專家之間才會談論哪裡的大吉嶺比較好喝這種專業話題。要說到讓更多人愛上紅茶，年輕人喜歡吃的，還是拉麵、甜甜圈這些高油脂的食物（笑）。所以如果從適合搭配食物的角度來說，紅茶已經漸漸引起大家的興趣了。

杯中溫暖的農作物

磯淵　紅茶原產於中國與印度，但真正形成文化卻是在英國。一開始是男人的飲品，後來延伸到家庭，發展成團聚的象徵。也因為是全家人共喝一壺茶，所以這茶的味道，必須要讓大人到小孩都能接受才行。

堀口　就這點來說，咖啡就比較適合在咖啡店品嘗，是一種需要氣氛的飲品。這幾年咖啡「真正的味道」變得愈來愈明確了。

1

2

磯淵　紅茶除了是大家聚在一起喝的飲品，也可以作為材料，用與水果、香草等各種東西搭配，自由變化的可能性非常大。相較於咖啡是大人的世界，紅茶則是老少皆宜的飲品。

堀口　不知道為什麼，好像沒有人同時愛喝咖啡與紅茶。

磯淵　說到紅茶，一般人都有高貴、優雅的感覺（笑）。不過，真正的紅茶其實是種在田裡的綠葉，經過約十五個小時的乾燥、發酵過程才完成的東西。一般人實在很難想像在一望無際的茶園中，採茶人以人工方式辛苦採收的景象。經過製茶完成的紅茶茶葉，透過各國進口商，會被送到一個可以儲存供應全世界兩年份茶葉出口量的巨大倉庫。在那裡，紅茶才會進行調配、包裝，最後裝箱出貨。

堀口 所以才會混雜了各個不同製造日期的茶葉。

磯淵 可是我店裡的茶葉都是沒有調配的單品，味道與香氣完全不同。有時候客人會反應「之前的比較好喝」，或是「那款茶葉不會再進貨了嗎」等。但紅茶是農作物的一種，所以這些一般人無法想像的辛苦過程都真實存在，我們必須將這些完整訊息，包括生產履歷，傳達給消費者。喝下一口紅茶，正當感到一股溫和的澀味時，口感又隨即消失，不殘留後味。習慣了喝煎茶、抹茶的日本人，如今也循著天生的味蕾，慢慢展開雙手接納紅茶的世界。

4

3

1）擺放在店內商品區的銅製茶壺令堀口先生一見鍾情。銅製材質的茶壺導熱快，可加速沸騰，是非常優秀的茶器。2）以專用的品茶杯享受品茶的樂趣。3）鑑定茶葉用的木托盤，可以清楚觀察到茶葉的發酵程度、顏色、香氣等。4）「dimbula」店裡與網站都提供直接進口的茶葉販售。

就讓我來為你解說紅茶的世界吧！

我也很喜歡紅茶，平時經常喝吶！

Perfect Guide

Would you like a cup of tea?

美味紅茶的沖泡方法

沖泡方式會改變紅茶的味道與風味。
本章將由紅茶達人
親自傳授正確的沖泡方法，
只要瞭解這些方法，
任何人都能泡出一杯極致美味的紅茶！

CONTENTS

RYUKYU TEA
ASSAM
OKINAWA
TEA FACTORY

Perfect Guide

CHAPTER 1

基本沖泡法的7大原則

在這一節，磯淵猛先生將為大家傳授美味紅茶的沖泡方法。

監修＝磯淵猛　攝影＝伊東武志／深澤慎平

聽我教你怎麼做！

紅茶研究家・
磯淵猛
親授最新沖泡方法

掌握美味關鍵——跳躍的條件

紅茶的美味決定於味道、香氣、茶色等三大要素，要使這些要素發揮到最極致，在沖泡方法上必須遵守某些原則，以下就將這些原則分成七大項來簡單說明。

首先，大家要先瞭解紅茶美味的關鍵——跳躍(jumping)，也就是沖泡時茶壺裡的茶葉隨著熱水的對流上下流動的狀態。藉著跳躍狀態，細小的茶葉能完全擴散在熱水中，也就能萃取出美味紅茶。引發茶葉在茶壺中產生跳躍的必要條件，是熱水中必須含有充足的氧氣，而且溫度必須高溫，才能讓水產生更好的對流狀態，這一點非常重要。只要具備這些條件，簡單將熱水一口氣沖入水壺中，就能成功泡出一杯美味紅茶。

一開始嘗試或許會遭遇失敗，但只要持續不斷挑戰，一定能漸漸掌握到重點與要領。經過努力成功沖泡出來的紅茶，肯定會更加美味。

Perfect Guide

CHAPTER

1

⇓

Theory

1

保證美味的「不敗」沖泡法

以茶壺與全葉茶來沖泡紅茶是最方便的方法。只要照著以下基本方法來沖泡，再平淡的紅茶也能展現不一樣的美味！

沖泡奶茶時要先倒牛奶！

1

溫杯

沖泡奶茶一般使用的是室溫牛奶，因此必須事先溫杯，這個小動作非常重要。

1

煮沸熱水

準備1.5ℓ新鮮的水加熱煮沸，當水溫達到95～98℃時便熄火，以保留水中氧氣。當開始冒出白色大泡泡、水面隨著氣泡緩緩拍動時，就是熄火的最佳時機。

4

蓋上茶蓋燜3～4分鐘

注入熱水後將茶蓋蓋上，靜置燜泡約3～4分鐘（依據茶葉種類決定）。這時候茶葉的跳躍狀態（茶葉在熱水中展開並上下運動）將決定紅茶的美味程度。

2 將牛奶倒入杯中

在茶杯中先倒入牛奶（以低溫殺菌牛奶為最佳），如此可以減少牛奶溫度變化過於劇烈，也能減少蛋白質遇熱產生變性。

3 倒入紅茶

將依本節方法沖泡好的紅茶從牛奶上方倒入，至約茶杯的九分滿為止。倒入較多紅茶可使整杯奶茶調整到適當溫度，品嘗到最美味的奶茶。

2 將茶葉放入茶壺中

沖泡美味紅茶不需太多茶葉，無論沖泡幾杯，標準份量都是1人份 2g 的茶葉(1茶匙)，以此為基準來計算即可。

3 將熱水注入茶壺裡

將煮沸至 95 ～ 98℃的熱水一口氣往茶壺裡的茶葉沖倒下去，沖倒的角度可以稍微拉高，盡可能將空氣帶入茶壺中，但要小心不要燙傷。

5 將紅茶倒入茶杯

萃取成功、茶葉因為吸收水分變重而沉到茶壺底部時，就是倒出紅茶的最好時機。這時便可以使用濾網或茶濾倒出紅茶。

6 品嘗到最後一滴

一般茶壺約可沖泡出 2 杯半的紅茶，第 2 杯開始可以用熱水壺自行添加熱水調整味道。

Theory

2

用茶包泡出頂級紅茶！

在家或公司簡單輕鬆就能享用的紅茶茶包，
只要熟悉正確的沖泡方法，也能泡出非常美味的紅茶。

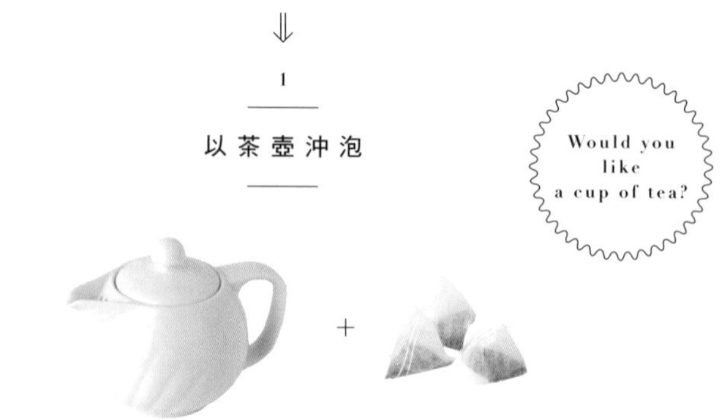

1

以茶壺沖泡

1

茶壺裡注入熱水

熱水的溫度與沖泡茶葉的溫度一樣是95～98℃，水量1人份約200～300mℓ。重點是一定要先倒入熱水，而不是先放茶包。

2

放入茶包

把茶包放入茶壺中（1人份1個茶包），蓋上茶蓋，等待茶葉萃取。如果茶包與熱水的放置順序顛倒，受到熱水的澆淋沖力，茶葉的纖維質會跑到茶湯中，不得不留意。

3

萃取完成

當紅茶慢慢萃取完成，茶包浮至水面時，就是飲用的最佳時機。這時可將茶包取出，避面過度萃取。接著就可以把紅茶倒至杯中慢慢品嘗。

2

以茶杯沖泡

+

1

杯子裡注入熱水

在杯子（最好選擇有蓋子的）中倒入熱水。與使用茶壺沖泡相同，一定要先倒熱水。水量以馬克杯來說約是200～250mℓ。一般茶杯則約150mℓ。

2

放入茶包

放入一個喜愛的茶包。起初茶包會沉到杯底，之後會慢慢浮至水面。不需為試圖加快萃取而拉著棉線搖動茶包。

3

蓋上杯蓋

當茶包浮至水面時，直接蓋上杯蓋，不需將茶包取出，讓茶包泡在裡頭繼續萃取。最適當的萃取時間大約是放入茶包後開始計算約 2 分鐘。

4

萃取完成

待萃取差不多完成，就能慢慢將茶包取出。不同的茶包形狀與材質，萃取時間也不一樣，沖泡前要稍加留意。取出的茶包可放置在反面朝上的杯蓋中。

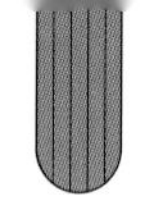

Theory

3

挑選牛奶與糖

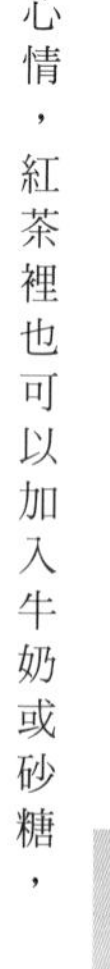

依據各人喜好與當天的心情，紅茶裡也可以加入牛奶或砂糖，讓口感變得更溫和，為疲憊的身體帶來即時的療癒。

最適合加入紅茶中的糖為細砂糖（左）。方糖（中）最好的添加方法是先含一顆在嘴裡，接著喝一口紅茶，品嘗兩者在口中甜蜜融合一體的美味。粗砂糖（右）溶解較慢，可以品嘗到不同的味道變化。

以砂糖的形狀做不一樣的添加方法，可以增加紅茶的樂趣

喝紅茶時依照各人喜好，砂糖與牛奶可加可不加。什麼都不加的純紅茶可以品嘗紅茶的原味，加了砂糖或牛奶，紅茶的風味會變得溫和。不同形狀的砂糖會使紅茶適合不一樣的喝法，大家不妨依據心情來選擇添加。

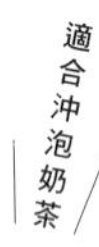

沖泡奶茶以不易遇熱變性的低溫殺菌牛奶為首選

紅茶加牛奶會使得澀味變得溫順柔和，更適合搭配含乳脂成分的西式甜點一起食用。要想泡出一杯美味的奶茶，最適合的牛奶是低溫殺菌牛奶（經過63～65℃低溫殺菌30分鐘的牛奶），比較不會產生蛋白質遇熱變性的現象，也不會有一股像燒焦般的加熱臭（cooked flavor），因此奶茶喝起來後味清爽，有著香甜的香氣。

⇓

Theory

挑選茶器與道具

接下來介紹如何挑選道具與茶器，才能泡出一杯美味紅茶。準備添購道具的人可以多加參考。

熱水壺

燒水時水中保留愈多氧氣，愈容易引發茶葉產生跳躍，因此最好可以在短時間內煮沸熱水。最佳建議是導熱性快的銅製熱水壺。

茶壺

建議挑選外形渾圓的陶瓷茶壺，不僅倒入熱水時容易產生水對流，茶葉也更容易產生跳躍。壺口短、把手可以確實緊握的設計為佳。

保溫套

套在茶壺外作為紅茶保溫之用。在冬天或悠閒漫長的午茶時光，保溫套是非常重要的道具之一。可以蒐集多款不同花色的樣式，再依照當天的心情選擇使用。

沙漏

挑擇3分鐘的沙漏，用來計算燜泡茶葉的時間。不同茶葉燜泡時間各有些微差異，例如OP茶葉5分鐘，BOP茶葉3分鐘，茶葉較小的CTC與F、D則大約是2分鐘。

茶杯

為了充分品嘗到紅茶的味道，茶杯最好挑選杯口寬大、杯壁較薄的設計，內層以白色為主，便於觀察紅茶的茶色。

茶漏

將紅茶從茶壺倒入茶杯時，用來過濾茶葉之用。也可以日式茶漏代替。

茶匙

喝紅茶時用來混合攪拌砂糖與牛奶的茶匙，比一般的咖啡匙要大上一圈。若使用OP茶葉，一杯約需要2g，BOP茶葉約2.5g，CT與F、D等約3g。

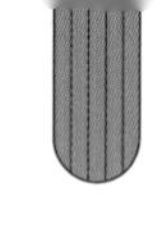

紅茶大變身

運用精妙的巧思在紅茶裡加入一些水果等材料，輕鬆變身各種風格的調味茶。

水果紅茶賓治

材料（1人份）

冰茶（康提茶） 120mℓ
水果（草莓、蘋果、香蕉、葡萄、柳橙等） 適量
膠糖漿（gum syrup） 20mℓ
蘇打水 30mℓ
冰塊 適量

作法

1 將所有水果切成小塊。
2 賓治杯中倒入膠糖漿。
3 接著倒入冰茶並充分攪拌均分。
4 將1的水果放入杯中。
5 最後放入冰塊與蘇打水即完成。

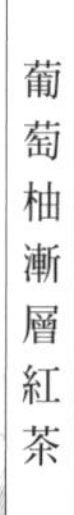

葡萄柚漸層紅茶

材料（1人份）

冰茶（康提茶） 120mℓ
葡萄柚 1/4個
（或葡萄柚汁 30mℓ）
膠糖漿（gum syrup） 20mℓ
冰塊 適量

作法

1 將葡萄柚壓搾出果汁，倒入玻璃杯中。
2 加入膠糖漿充分攪拌均勻。
3 加入冰塊至八分滿。
4 慢慢倒入冰茶，最後可用葡萄柚裝飾在杯緣。

草莓紅茶

材料（1人份）

茶葉（康提茶）　4g
草莓　1顆
玫瑰紅酒　1/3茶匙
熱水　350mℓ

作法

1　將1/2的草莓剁碎放入茶壺。
2　接著將茶葉放入茶壺，注入熱水沖泡。
3　剩餘的1/2顆草莓切片後放入茶杯，淋上玫瑰紅酒，最後倒入2沖泡好的紅茶。

甘菊蘋果紅茶

材料（1人份）

茶葉（康提茶）　4g
青蘋果　1片
甘菊　1小撮
低溫殺菌牛奶　30mℓ
熱水　120mℓ

作法

1　茶壺裡放入茶葉、甘菊與青蘋果（對切）。
2　將熱水倒入茶壺裡沖泡。
3　在事先溫杯過的茶杯裡倒入室溫牛奶，接著倒入2的紅茶至九分滿。
4　最後將青蘋果片點綴在紅茶裡。

柳橙薄荷紅茶

材料（1人份）

茶葉（康提茶）　4g
橙皮　適量
薄荷葉　1小撮
柳橙切片　1片
熱水　350mℓ

作法

1　茶壺裡放入茶葉、薄荷葉與橙皮。
2　將熱水倒入茶壺中沖泡。
3　茶杯中放入1片柳橙切片，接著倒入紅茶，最後以薄荷葉裝飾。

Theory

6

熱水怎麼煮？用軟水還是硬水？

水的硬度與酸鹼度都會影響到紅茶的味道，瞭解水的特性，就能讓紅茶的風味發揮到最極致。

軟水

日本的自來水就屬於軟水，沖泡出來的紅茶茶色淡，味道強烈，澀味與香氣都很明顯。適合用來沖泡康提等茶種。（譯註：水質硬度小於 100mg/l）

中軟水

以中硬水沖泡出來的紅茶茶色較深，但澀味會因水質變得較溫和。適合用來沖泡大吉嶺或烏巴等茶葉。（譯註：水質硬度介於 101～300mg/l 間）

將水也視為材料之一，泡出自己喜愛的紅茶口感

很多日本人到了英國，都會覺得紅茶喝起來「很順口」，其中原因就在於英國的水質特性。英國的水質硬度介於150～180mg/ℓ之間，比日本的軟水要來得硬。以這種硬度的水來沖泡紅茶，茶色會變得比較深，但紅茶特有的澀味會變溫和，整體味道較清爽。紅茶的味道、香氣與茶色，來自於茶葉的主要成分單寧與水中的鈣、鎂互相結合所產生，因此在沖泡時也必須將水視為材料之一來挑選才行。

以自來水沖泡紅茶時，必須將熱水壺中的熱水一口氣往茶壺裡沖，以便帶入大量氧氣。若是像右圖一樣以礦泉水來沖泡，使用前必須先搖晃礦泉水瓶身，讓茶葉的跳躍（茶葉在熱水中展開並上下運動）產生得更順利。

⇓

Theory

7

正確保存茶葉以維持最重要的新鮮度

紅茶茶葉必須妥善保存，才能保持最好的風味及味道。建議先瞭解各種保存容器的特色，再從中挑選喜歡的使用。

無論罐裝或袋裝，只要拆封過就必須密封保存

過去在英國，屬於舶來品的紅茶茶葉是珍貴物品，價格幾乎等同於銀子，因此王宮貴族都會將紅茶放在類似保險櫃的鎖盒中保管。一直到現在，紅茶仍是英國人家中必備的重要飲品。如此重要的紅茶，最注重的就是新鮮度，建議最好保存在隔絕光線與濕氣、密封性好的容器中。保存容器一般放置室溫下，只有溫度特別高的夏天才必須以冷藏保存。不過紅茶的茶葉容易吸收氣味，一定要避免與氣味重的食物放在一起。

以功能性來說，日本的茶罐效果最好。其他陶製與琺瑯製的效果也很好。玻璃茶罐雖然會透光，但外觀上看起來比較漂亮，可當成擺飾。無論哪一種茶罐，容量都必須至少要能裝下100g以上的茶葉為佳。

⇓

Perfect Guide

CHAPTER 2

品茶

想沖泡出美味紅茶，必須先瞭解茶葉等級。
面對第一次使用的茶葉，
不妨先品茶試飲，瞭解茶葉個性。

監修＝磯淵猛　攝影＝伊東武志／深澤慎平

透過品茶瞭解茶葉個性

紅茶是一種農作物，味道會受到栽種環境與氣候條件的影響，再加上不同產地的生產與運輸方式，使得每一款紅茶的味道都不一樣。因此，面對任何一種茶葉，都必須先瞭解茶葉的特性，之後再來決定是要品嘗純紅茶或奶茶，或是添加水果、香料等其他材料來做變化。這才是品味紅茶最適當的方法。

瞭解茶葉特性，首先要先知道區別茶葉形狀（大小）的標準，也就是茶葉的等級。茶葉主要的等級依照茶葉大小可以分為Orange Pekoe、Broken Orange Pekoe、Fanning等。這些不同的茶葉形狀，都關係著萃取時間與風味強弱等（請參照左頁內容說明）。

瞭解茶葉的等級之後，接下來就能夠進行品茶鑑定了。

① **OP** / Orange Pekoe
橙黃白毫
▶茶葉大小：約10～20㎜
▶味道特色：溫和順口
▶萃取時間：約5分鐘

② **BOPF** / Broken Orange Pekoe Fannings
碎形橙黃白毫帶蕊芽
▶茶葉大小：約1～2㎜
▶味道特色：濃郁
▶萃取時間：約3分鐘

③ **CTC** / Crush·Tear·Curl
碾碎、撕裂、捲起之碎形茶
▶茶葉大小：約1～2㎜
▶味道特色：強烈而明顯
▶萃取時間：約2分鐘

④ **FOP** / Flowery Orange Pekoe
橙黃白毫帶蕊芽
▶茶葉大小：約20～30㎜
▶味道特色：優雅溫和
▶萃取時間：約5分鐘

⑤ **BOP** / Broken Orange Pekoe
碎形橙黃白毫
▶茶葉大小：約2～3㎜
▶味道特色：香氣醇厚
▶萃取時間：約3分鐘

⑥ **F** / Fanning
細葉
▶茶葉大小：約1㎜
▶味道特色：韻味強烈
▶萃取時間：約2分鐘

Tasting

瞭解茶葉個性才能自由變化

茶葉是沖泡紅茶的材料之一，瞭解茶葉的特性，才能泡出最美味的茶。接下來就一起來學習如何完整發揮各種茶葉的特色吧！

以茶壺沖泡

1

放入茶葉

使用品茶專用杯，茶葉份量為3g。以天秤來秤重，在家可以使用電子秤。

2

注入150cc的熱水

使用新鮮的自來水。原則上一般都是使用鑑定當地的水。倒熱水最好的方式是由高處往下倒，將大量氧氣帶入水中。

3

燜泡3分鐘

以專用杯蓋確實蓋緊，進行茶葉的燜泡，並使用計時器確實計算時間。此時茶葉在杯會中呈跳躍狀態（茶葉在熱水中上下流動）。

4

將杯子斜扣在品茶杯中

將沖泡杯保持上蓋的狀態直接斜扣在品茶杯中，倒出紅茶。若是同時沖泡數杯，則可直接將沖泡杯斜扣在品茶杯中，等待紅茶完全倒出。

Column

以3個茶杯取代專用品茶道具

準備道具

在家品茶鑑定若無專用道具,可準備茶壺、3個茶杯,及熱水350cc、茶葉5g。

倒出第1杯紅茶

將茶葉放入茶壺中,注入95～98℃的熱水,燜泡3分鐘後倒出紅茶。

倒出第2杯紅茶

接著再燜泡3分鐘,在第2杯個茶杯中倒出第2杯紅茶。

倒出第3杯紅茶

再繼續燜泡3、4分鐘,於第3個茶杯中倒出所有紅茶,直到最後一滴為止。

品茶鑑定

第1杯茶評鑑香氣,第2杯觀察茶色及品嘗味道,第3杯評斷紅茶的澀味。

Point

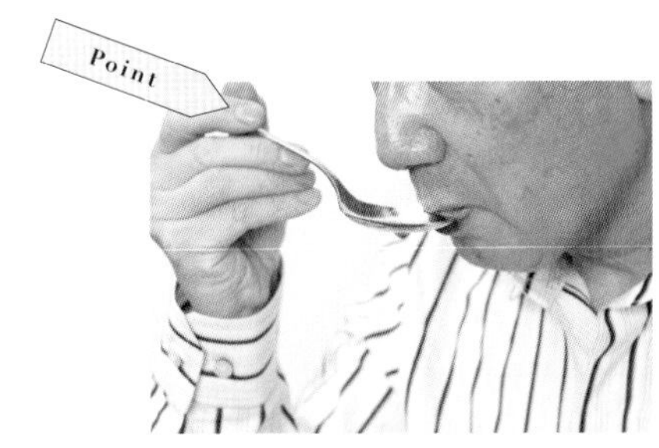

待紅茶完全倒出,以湯匙舀起紅茶,以吸吮的方式跟空氣一起吸入口中。最標準的喝法是發出聲音。

Point

最後一滴才是關鍵!

最後滴落的紅茶又稱為「最美味的一滴」(best drop),富含大量的紅茶精華,因此一定要等到這一滴完全滴下才可以。

形容紅茶味道與香氣的用語

花香

形容如花朵般的芳香,大多指如玫瑰或紫羅蘭等馥郁的香氣。

青綠香

如綠草般的青綠香氣。輕度發酵的紅茶喝起來會有著綠茶般的青綠香氣。

果香

水果香氣,大部分是柳橙、麝香葡萄、青蘋果等。

煙燻香氣

指如燻製落葉般的香氣。

澀味

茶葉中澀味成分單寧含量多,喝起來澀味就較重。

餘韻

指入喉後口中還殘留紅茶的味道與香氣。

後味清爽

指入喉後沒有餘韻,口感清爽。

Perfect Guide

CHAPTER 3

冷泡茶的世界

冷泡茶總是給人優雅高貴的距離感，
事實上大家可能不知道，
只要利用家裡現有的道具，就能製作冷泡茶，
而且方法還意外地簡單。

攝影＝野口祐一

味道淡雅細緻的冷泡茶

近來冷泡茶逐漸形成一股熱潮，因為沖泡上非常簡單，完全不麻煩，而且口感清爽順喉。

「沖泡冷泡茶只要在茶壺裡放入茶葉與水就可以了，就像泡麥茶一樣。而且，冷泡茶少了紅茶特有的澀味，也不像冰茶容易產生白濁，因此口感相當地清爽，很多不喜歡喝紅茶的人都能接受冷泡茶。」擔任紅茶教室講師的小林真夕子說到冷泡茶因為單純而深奧的魅力。

首先，是基本的茶葉挑選方式，以適合品嘗純紅茶及冰茶的茶葉為最佳。接下來，使用軟水比硬水更適合，比較不會破壞茶葉原本的風味，能將茶葉細緻的味道做更完美的呈現。

大家不妨先用家裡不常喝的茶葉或是茶包來試試看吧！

聽我怎麼說！

小林真夕子

「紅茶教室 TEA STYLE」
全方位紅茶顧問

留學紐西蘭就讀語學時接觸到紅茶，之後在美國科羅拉多州專攻國際貿易與觀光。畢業後任職於貿易公司，負責紅茶與烏龍茶的進口業務。
FB：https://www.facebook.com/teastyle.tea/
BLOG：http://ameblo.jp/teastyle/

Question

什麼是「白濁」?

許多人自己在家裡製作冰茶時,應該都會發現冰茶最後茶色會變得白色混濁。這就是「白濁現象」(cream down),即茶葉經過熱水沖泡所釋放的單寧及咖啡因,冷卻後兩者互相結合,便會產生不好的澀味或使茶水變得混濁。但冷泡茶沒有這方面的問題。

⇓

Cold Brewed 1

準備道具

利用每個人家裡都有的道具，就能馬上製作冷泡茶。
大家也快從廚房找出這些東西吧！

茶壺

每個人家裡的茶壺大小與形狀都不盡相同，只要是可以冷藏保存的容器，任何形狀都可以用來沖泡冷泡茶。

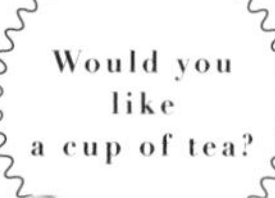

茶漏

將泡好的冷泡茶倒出茶杯時必要的工具，一般的小型商店都買得到。附鍊子型的茶漏也很方便。

淨水器

如果沒有礦泉水，也可以利用茶壺形的淨水器來過濾一般自來水後使用，價格也不昂貴。

礦泉水

製作冷泡茶最好使用礦泉水。軟水比硬水好，而且比起使用國外的礦泉水，當地的礦泉水更適合。

電子秤

用來正確計算茶葉份量。挑選最小單位為 1g 的機型，可以避免浪費茶葉。

其他方便沖泡冷泡茶的道具

茶包

利用茶包可以省下最後過濾茶葉的步驟，讓後續處理變得更輕鬆。若茶葉份量較多，建議選擇大一點的茶包會比較方便。

附過濾裝置的茶壺

以泡茶專用、附有過濾裝置的茶壺來沖泡冷泡茶也十分方便。最近市面上有些茶壺的外觀設計都很時尚好看。

附過濾裝置的水壺

可隨身攜帶、保特瓶形式的大水壺。只要在外自行添加水或熱水就能重複使用，非常環保。

⇓

Cold Brewed

2

美味冷泡茶的沖泡方法

用一般開水沖泡出來的冷泡茶沒有紅茶特有的澀味，增加了變化的可能性。

只要簡單5個步驟就能完成！

1

挑選喜愛的茶葉

首先要挑選茶葉。可以詢問茶葉專賣店的職人，購買適合沖泡冷泡茶的茶葉。也可以直接使用一般市售的茶包。

2

將茶葉放入茶壺

1ℓ的水大約需要8～10g的茶葉，只要記住約是3茶匙左右就可以了。茶包則約3～4個。

3

茶壺裡注入開水

水的味道會直接影響冷泡茶的口感，建議挑選品質與味道好一點的水，例如礦泉水或經過淨水器過濾的水。

4

放入冰箱冷藏 7～8個小時

接下來就只要放進冰箱冷藏，等待紅茶慢慢萃取就可以。若放置室溫則約5～6個小時。時間一到可先過濾出茶葉，將完成的冷泡茶放冰箱保存。

5

冷泡茶完成！

經過一個晚上，輕鬆就完成清淡爽口的冷泡茶了。冷泡茶大約可保存1天，因此好喝的祕訣就是沖泡之前先考慮好份量再製作。

Cold Brewed

3

利用不同茶葉享受不一樣的冷泡茶樂趣

冷泡茶馥郁的香氣與清爽風味喝起來十分舒服，以下介紹4種適合製作冷泡茶的茶葉，大家可以試著比較看看。

Would you like a cup of tea?

Color

有著水果香氣

大吉嶺春摘茶
（DARJEELING FIRST FLUSH）

有著水果香氣與清爽口感的大吉嶺又被譽為是「紅茶中的香檳」。春摘茶指的是春天首摘的茶葉，也就是剛冒出嫩芽的新芽。這種稀少珍貴的茶葉比起一般的大吉嶺香氣更濃，風味與澀味更為清爽，與其說是紅茶，感覺比較接近綠茶。沖泡成冷泡茶後會少了紅茶特有的澀味，甘甜淡雅的味道非常適合品嘗純紅茶。

產地：印度
茶葉大小：葉片較大
茶色：淡黃色
風味：果香
最少萃取時間：3～4個小時

Color

努沃勒埃利耶
（NUWARA ELIYA）

斯里蘭卡紅茶海拔愈高，愈被視為高級。與烏巴和汀普拉並列斯里蘭卡三大高海拔茶葉的努沃勒埃利耶位於海拔1800m高山，是三者當中海拔最高的頂級茶葉。努沃勒埃利耶的茶葉較細，雖然短時間就能完成冷泡茶，但建議沖泡時間可以拉長，讓努沃勒埃利耶茶特有的風味能夠完全釋放。優雅的花香與清爽的澀味非常適合品嘗純紅茶。

產地：斯里蘭卡
茶葉大小：葉片較細
茶色：淡橘色
風味：香氣馥郁
最少萃取時間：2～3個小時

澀味溫和！

日本茶葉

日本茶葉澀味溫順，甜度沉穩，有著進口茶葉沒有的特殊風味，非常適合日本人的喜好。以日本茶葉來沖泡冷泡茶時，最好搭配使用日本當地的礦泉水。建議先以純紅茶品嘗其纖細優雅的口感。搭配西式或日式甜點也很適合。

產地：日本
茶葉大小：葉片較大
茶色：淡褐色
風味：優雅甘甜
最少萃取時間：4～5個小時

口感絕佳平衡

肯亞紅茶（KENYA）

近來經常可以在市面上看到來自非洲的茶葉，其中肯亞紅茶最大的特色便是完全無農藥栽培。肯亞紅茶大多採用 CTC 製法，將乾燥茶葉切成細碎後再揉成顆粒狀，因此沖泡時間短，這也是受歡迎的原因之一。細心手摘的肯亞茶葉有著絕佳平衡的口感，除了純紅茶以外，也很適合做不一樣的變化茶品。

產地：非洲
茶葉大小：CTC 等級
茶色：深褐色
風味：清爽香氣
最少萃取時間：1～2個小時

Column

品嘗紅茶，讓思緒馳騁在茶葉產地

世界少數知名紅茶產地之一——努沃勒埃利耶位於海拔1800m高山。在這裡，可以看到採茶婦女個個勤奮採茶，身上還揹著20kg以上的茶籠。「種紅茶就像種其他農作物一樣，不僅要看上天臉色，還必須仰賴許多人的辛苦勞動。因此面對這些東西，我們不能只是單純地吃，而是要時時懷著感恩的心情細細品嘗。」小林小姐說道。在豐富多變的紅茶世界中，絕對不能忘記產地人們的辛苦付出。

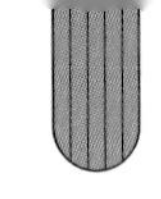

⇓

Would you like a cup of tea?

Cold Brewed

4

輕鬆變化出多變的冷泡茶飲

單純的冷泡茶也能再進化！
用澀味較淡的冷泡茶來變化各種茶飲，不僅簡單還很方便。

水果茶

材料（1人份）

肯亞紅茶　200cc
水果　各適量
（奇異果／香蕉／
蘋果／鳳梨等）

作法

1. 將所有水果切成1cm塊狀。
2. 玻璃杯中依序放入1的水果、冰塊、肯亞紅茶。
3. 最後以奇異果片裝飾。
4. 攪拌均勻後便可飲用。

※也可以用葡萄柚與柳橙做成柑橘茶，或是用藍莓和覆盆子做成莓果茶。

建議使用當季水果。蘋果在刀工上多花一點巧思，看起來會更漂亮。

薄荷冰茶

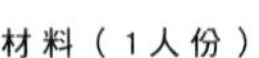

材料（1人份）

大吉嶺春摘茶
（茶葉）　10g
乾燥薄荷　2～3g
（約1茶匙）
礦泉水　1ℓ

作法

1. 茶壺裡放入茶葉與乾燥薄荷。
2. 將礦泉水一口氣沖入茶壺中。
3. 放入冰箱冷藏6～7個小時，等待沖泡完成。
4. 將泡好的冷泡茶倒入玻璃杯，點綴綠薄荷即成。

茶壺裡放入茶葉與乾燥薄荷，接著一口氣倒入礦泉水，移至冷藏即可。

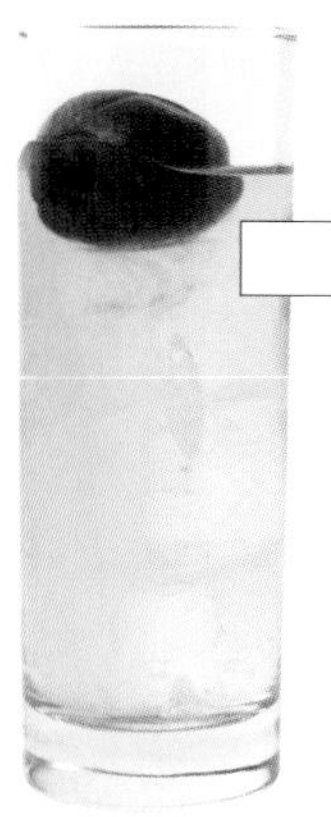

梅酒紅茶

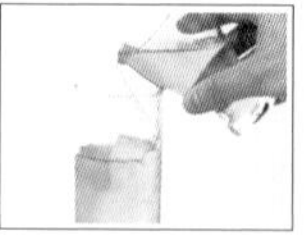

也可以倒入梅酒之後再加入蘇打水，做成「梅酒紅茶兌蘇打」。

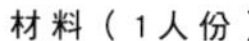

材料（1人份）

日本紅茶　140cc
梅酒　60cc
糖漿　適量

作法

1　玻璃杯中倒入糖漿。
2　接著倒入日本紅茶，稍微攪拌均勻。
3　將梅酒慢慢倒入杯中。
4　放入梅子點綴即完成。

※ 梅酒與糖漿份量隨各人喜好調整。
※ 也可以再加入蘇打水，做成梅酒紅茶兌蘇打。
※ 除了梅酒以外，也可以使用香檳或氣泡酒來做各種變化。

紅茶蘇打

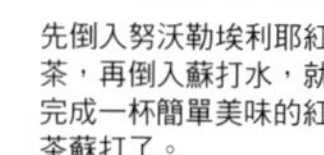

先倒入努沃勒埃利耶紅茶，再倒入蘇打水，就完成一杯簡單美味的紅茶蘇打了。

材料（1人份）

努沃勒埃利耶紅茶　140cc
蘇打水　60cc
糖漿　適量

作法

1　玻璃杯中倒入糖漿。
2　接著倒入沖泡好的努沃勒埃利耶紅茶，攪拌均勻。
3　最後慢慢倒入蘇打水後即完成。

※ 可用薑汁汽水取代蘇打水使用。
※ 加入蜜漬生薑或蜜漬柚子皮也很好喝。

Column

改變冷泡茶風味的各種香料

乾燥玫瑰

少量添加就能為紅茶帶來高貴優雅的香氣。有粉紅玫瑰等不同種類，以花瓣裝飾在水面上也很可愛。

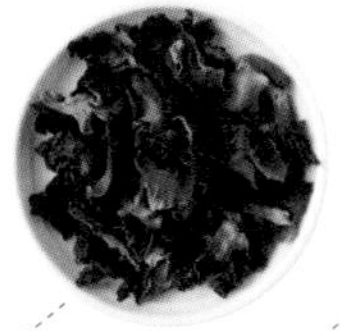

乾燥薄荷

製作薄荷茶不可或缺的香草。可以為紅茶添增清爽的清涼口感，還有促進食欲的效果。

肉桂

獨特的香氣與任何一種茶葉都很搭配，最後再加上糖漿會更好喝。

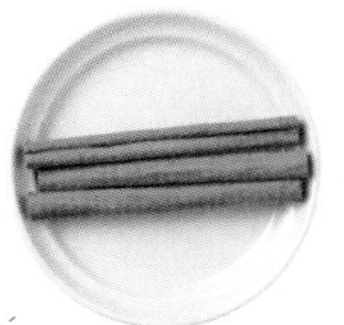

小荳蔻

有「香料女王」之稱。特色是味道清爽，適合搭配任何料理，也能用來製作水果茶。

⇓

Perfect Guide

CHAPTER 4

萃茶

最近流行的萃茶已經形成一股新的茶飲風潮。事實上，萃茶並非來自紅茶主要飲用國英國，而是日本人的發想，是一款誕生於東方的創新紅茶。

攝影＝岡崎健志

千變萬化的萃茶

成功研發出萃茶的人是負責「Afternoon Tea」以及「Starbucks」產品開發的日本人Kaori小姐，她是個能力非常好的企劃高手。萃茶的英文為「teapresso」，因此在製法上與濃縮咖啡（expresso）同樣都是使用義式咖啡機。不過，沖泡紅茶為了讓茶葉完全展開，必須經過燜泡過程，也就是讓紅茶變好喝的等待時間。顧及這一點，Kaori小姐獨自研發出了一款有燜泡功能的萃茶專用機器，透過燜煮同時施以高壓的方式，讓紅茶產生濃郁香氣與清爽的澀味，而且強烈的味道擁有絕佳的平衡，成功萃取出濃厚的萃茶。

「濃縮咖啡加入砂糖與牛奶後會產生香醇的純巧克力味；同樣地，萃茶只要加入砂糖與牛奶，就會產生一股焦化的焦糖風味。」

萃茶由於味道濃厚，兌了蘇打水之後口味也不會變淡，就連搭配巧克力，紅茶的味道還是很明顯。這就是萃茶最大的特色，是一種擁有無限變化的茶品。

⇓

萃茶沖泡方法

1

將岩手縣生產的紅茶拿鐵專用牛奶以同一台機器打成奶泡。

2

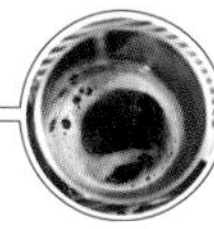

與濃縮咖啡一樣，將 1 杯份的茶葉填入濾器中，再裝回機器上。

3

由於機器是以高壓的方式萃取，因此萃取出來的紅茶表面會像濃縮咖啡般有著一層細緻泡沫「油脂」。

在高壓蒸氣的作用下，濃郁的紅茶液緩緩流出。

4

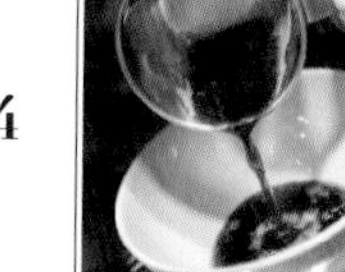

將萃取好的萃茶倒入拿鐵杯。以拿鐵紅茶來說，大約需要 45mℓ 的萃茶。

5

最後加入牛奶就完成了。外觀就與拿鐵咖啡一樣，聞起來卻充滿紅茶香氣！

Question

何謂「萃茶」？

萃茶指的是用切得細碎的專用茶葉萃取出高濃度的濃縮紅茶。加入牛奶、杏仁奶或豆漿做變化，就能做成一般紅茶無法做到的摩卡紅茶與拿鐵紅茶！

Tea Presso

＋

Milk

＋

完成

Tea Latte

Data

kaoris

地址／神奈川縣橫濱市中區元町 3-141-8-2F
TEL ／ 045-306-9576
營業時間／ 11:00～18:00；
六、日、例假日11:00～20:30
定休／無　http://www.kaoris.com

FOOD DICTIONARY ｜ TEA （萃茶）

Perfect Guide
CHAPTER 4

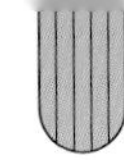
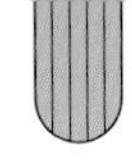

⇓

Would you like a cup of tea?

Tea Presso

1

各式萃茶茶飲

萃茶可以有無限多種的變化，讓人不禁期待看見更多紅茶的可能性！

巧克力柳橙紅茶

感覺就像巧克力柳橙甜點的變化茶飲，橙香濃郁，後味清爽。

柑橘紅茶

奶茶與檸檬紅茶的初次結合，兩者意外地非常搭配，喝起來有檸檬派的味道。

加爾各答香料茶

以生薑與小荳蔻調配出來、充滿香料風味的北方香料茶。味道強烈，還有暖身作用。

摩卡紅茶

以巧克力調配出來的華麗味蕾十分受歡迎，裡頭還加了榛果提味。

喀拉拉香料茶

以椰奶為基底、口感圓潤溫和的南方香料茶。淡雅清爽的味道低調沉穩。

榛果豆漿紅茶拿鐵

以充滿堅果香氣的榛果醬和豆漿共同調配出的冬季茶飲。

水果氣泡紅茶

萃茶兌蘇打水，上頭再以水果點綴裝飾。紅茶的清爽口感十分完美。

ETHNIC MILK TEA

C H A I

【關於香料茶的種種】

香料的香氣可以為奶茶溫和的口感帶來不一樣的強烈味蕾。香料種類各式各樣，在酷熱的夏天可以用小荳蔻為身體帶來清爽，嚴寒冬日就靠生薑暖和身體，甚至也有不加奶的香料茶。想不想也來一杯有異國情調的「香料茶」呢？

攝影＝內田年泰／岡崎健志／野口祐一／八木龍馬

【 BASIC OF CHAI 】

認識香料茶

深受全世界喜愛的香料茶，從普遍常見的味道，
到比較特別的調配，種類可說是多彩多姿！

Q－什麼茶葉適合做香料茶？

A－茶葉較細小、味道不會被牛奶蓋過的茶葉為佳。

製作香料茶的首選為阿薩姆CTC茶

CTC，或BOPF～DUST等級的茶葉，萃取出來的紅茶較濃郁，適合用來搭配牛奶。事實上，一般茶包的茶葉也很適合製作香料茶。只要是味道本身較濃厚，都適合用來製作香料茶。如果要添加香料，就避免選擇本身已經經過調味的風味茶。

Q－什麼是香料茶？

A－香料茶指的是添加香料、氣味明顯而強烈的奶茶。

世界各國與各地都有不一樣的香料茶

說到香料茶，一般人首先想到的就是印度的「香料奶茶」（Masala Chai）。利用水與牛奶在鍋子裡煮泡茶葉，再以香料與砂糖調配出鹹甜口感。香料茶原本只是一般庶民為了不浪費無法作為商品的茶葉而想出來的美味作法，再加上香料茶的原文「chai」在印度指的是「tea」，也就是茶的意思，因此世界各地都存在著各式各樣的香料茶，例如不加牛奶的香料茶、不加香料的香料茶，甚至還有不用茶葉的香料茶等。

Q－一般市面上很難買到這麼多香料？

A－使用綜合香料就能輕鬆製作香料茶

〔 有提供香料茶的茶館 〕

綜合香料
（Masara Chai Spice）

店裡的香料茶使用的是自製的香料粉，香氣十分濃郁。茶葉則是汀普拉DUST1茶。

DATA

chai break

地址／東京都武藏野市御殿山1-3-2
TEL／0422-79-9071
營業時間／9:00～19:00；六、日、例假日8:00～19:00
定休／週二
http://www.chai-break.com/

〔 香料專賣店 〕

綜合香料
（Chai Masala）

有著新鮮小荳蔻清爽的香氣，適合搭配阿薩姆紅茶做成香料茶，只要以小火煮泡2～3分鐘即可。

DATA

L'epice et Epice

地址／東京都目黑區自由之丘1-14-8
TEL／03-5726-1144
營業時間／12:00～19:00
定休／週二、三、年底至年初
http://www.lepiepi.com/

〔 茶葉專賣店 〕

綠碧薑片綜合香料
（LUPICIA MASALA GINGER）

有著辛香薑味的綜合香料，味道清爽順喉，還有發熱效果。

DATA

世界茶葉專賣店
綠碧（LUPICIA）

TEL／0120-11-2636
（客服專線／10:00～18:00）
http://www.lupicia.com/

Q－各國的香料茶有何差異？

A－使用的香料種類、是否添加牛奶等，各國的作法都不盡相同。甚至還有不用紅茶的「香料茶」！

尼泊爾

Ciya（奶茶）、Kataciya（純紅茶）

每天喝上好幾杯的日常飲品

尼泊爾街上隨處可見販賣香料茶的路邊攤，攤前總是擠滿了人群，可說是尼泊爾人的社交場所之一。最常見的吃法是將餅乾浸泡在香料茶裡沾著吃。有飼養水牛的人家會以水牛的牛奶來煮泡香料茶，沒有養牛的就喝不加牛奶的純香料茶，也有很多人不加香料。但無論是哪一種，一定都會添加大量砂糖。

土耳其

Elma cayi

像果汁的蘋果茶

一般最常見的作法是先以俄羅斯煮茶器（samovar）與稱為「Çaydanlik」的土耳其雙層茶壺萃取出香料茶（紅茶），再加入大量方糖。左圖是稱為「Elma cayi」的蘋果茶，也是土耳其人常喝的香料茶之一，不使用茶葉，味道喝起來像熱蘋果汁，很多人一喝就會上癮。

埃及

Karkade（洛神花）

埃及豔后也愛喝的飲品

在埃及說到香料茶，大部分都是指紅茶煮好後加入砂糖的茶飲，但「Karkade」卻是100%以洛神花煮出來的飲品。將乾燥的洛神花瓣煮成花茶，再加入砂糖或蜂蜜平衡酸味。因為富含維生素C、檸檬酸與鉀，據說過去就連埃及豔后也都喝「Karkade」來維持美貌。

印度

Masala Chai

大家最熟悉的香料茶

茶葉混合香料一起煮泡成奶茶。在印度一般都使用稱為DUST等級的粉狀茶葉，但在日本大多使用的是大吉嶺CTC茶。加上薑片、肉桂、小荳蔻、丁香、黑胡椒等多種香料，以及大量砂糖一起煮成香甜奶茶。

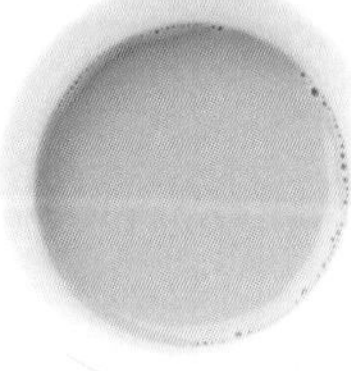

肯亞

Chai Maziwa（奶茶）、Chai Rangi（紅茶）

早餐一定要喝香料茶

在首都奈洛比的公司行號中，至今還看得到休息時間大家一起喝香料茶的習慣。在畜牧業較發達的內陸地區習慣喝加了大量牛奶、香料較少的奶茶（Chai Maziwa），靠近印度洋的沿海地區則喜歡加了香料的純紅茶（Chai Rangi）。

【 SPICE 】

適合製作香料茶的香料圖鑑

以下介紹8種製作香料茶不可或缺的香料！
有了這些，就能煮泡出一杯極致美味的完美香料茶。

八角

中式料理中常用的香料。少量就能產生強烈香氣，只要一顆，就能使香料茶的味道變得截然不同。

肉桂粉

粉末可以更快釋放出味道與香氣，可用來做最後味道的微調，或是與整根的肉桂一起使用。

丁香

又稱為丁子。頭部敲碎後會散發一股甘甜清爽的獨特香氣，通常少量使用。

肉桂

比起肉桂棒，桂皮要來得較粗，經煮泡後會散發強烈的香氣。

黑胡椒

主要用來消除牛奶的乳臭味，而非調味。也可以用市售的黑胡椒粗粒。

小荳蔻

咖哩常用的香料之一，一般會去除豆莢，使用裡頭的種籽，特色是口感清涼。

生薑

去皮、切片、切絲、磨泥等，處理方法不同，釋放味道的效果也不一樣。

月桂葉

有著甘甜香氣與些許的苦味。將葉子對摺或劃刀再跟紅茶一起煮泡，有提升香氣的作用。

在家製作正統香料茶

香料茶配方大公開

每個國家，甚至每個家庭都有屬於各自的香料茶配方比例，以下就為大家介紹如何煮出一杯經典講究的美味香料茶！

【 RECIPE 】

1

香料茶愛好者的私密配方

尼泊爾香料茶

尼泊爾很多人家都有飼養水牛，因此大多以水牛的牛奶來煮香料茶。但這對不是生活在當地的我們來說實在有難度，不過只要稍微下點工夫，還是能煮出接近尼泊爾當地的正統香料茶的味道。

〔 材料 〕8 人份

- 牛奶…1ℓ
- 水…1ℓ
- 茶葉…5大匙
- 砂糖…7～8大匙
- 黑胡椒…適量
- 生薑片…10片

茶葉用這種！

伊拉姆茶（ILAM TEA）的碎葉（broken）與阿薩姆的CTC茶的混合茶。以直接從國外買來的茶葉或最適合香料茶的比例調配而成。（譯註：伊拉姆茶為尼泊爾最頂級的紅茶茶葉，與印度大吉嶺屬於同一產區）

RECIPE

印度香料茶

印度香料茶（Masala Chai）會使用大量香料，丁香和肉桂能散發香甜氣味，小荳蔻的清爽口感與砂糖的甜膩混合得恰到好處。

香料茶的變化無限，可嘗試找出自己喜愛的味道

只要在尼泊爾香料茶中加入香料，立刻就會變成印度香料茶。或是用豆漿做成豆漿香料茶，加入蘭姆酒就成了蘭姆香料茶。如此多變的可能性，就是香料茶最大的樂趣。以印度香料茶來說，只要將130mℓ的尼泊爾香料茶放入鍋中加熱，加入肉桂、丁香、小荳蔻一起煮2～3分鐘，等到香辛料的味道完全釋放後再以砂糖調整味道。最後用茶漏過濾倒入玻璃杯，就完成了印度香料茶。

1

事先將薑片切絲備用。鍋裡倒入牛奶與水，開火加熱。

2

放入黑胡椒與薑絲煮至沸騰。香料的份量可依各人喜好調整，但以日本知名香料茶及尼泊爾物品專賣店「Chai KING」來說，薑的份量大約是10片薑片，黑胡椒則是扭轉黑胡椒罐約20次左右。

3

煮至沸騰後，當牛奶開始冒泡便可將火轉小。將5大匙盛得尖尖的茶葉像撒在泡泡上一樣放入鍋中。

4

以類似調酒棒的器具充分攪拌。火的強度大約維持在鍋中快冒泡的狀態，最好控制在別像之前大滾冒泡一樣。就這樣煮30分鐘，偶爾攪拌避免茶葉黏鍋。

5

煮了30分鐘後，鍋子裡的香料茶會變少。

6

熄火。加入7大匙砂糖，充分攪拌均勻。

7

攪拌均勻後蓋上鍋蓋，靜置約30分鐘至1個小時，等待冷卻。這段時間香料茶的味道會變得較溫和，所有味道也會融為一體。

8

以茶漏過濾後便完成香料茶。要喝之前可以再重新加熱與調味。

尼泊爾香料茶的小變化

1 依各人喜好加入適量肉桂粉。

2 加入5顆丁香。先將頭部切開再放入鍋中，更能釋放香氣

3 加入4顆小荳蔻。先以刀子切碎豆莢，加入鍋中邊攪拌邊以攪拌棒壓碎小荳蔻，讓香氣完全釋放。

4 最後以砂糖調整味道。

data

喀拉拉之風II

ケララの風II

地址／東京都大田區山王3-1-10
TEL ／ 03-3771-1600
營業時間／週二、三、四11:30～15:00（L.O.14:30）
定休／週一、五、六、日
http://hwsa8.gyao.ne.jp/kerala-kaze/

茶葉用這種！

「喀拉拉之風II」的印度香料茶用的是CTC茶。挑選重點不是產地或品牌，而是要選擇CTC製法加工而成的茶葉，因為這種茶葉的香氣與澀味比較不會被香料和牛奶蓋過。

【 RECIPE 】

2

「喀拉拉之風II」風格

印度香料茶

散發肉桂、小荳蔻、生薑、黑胡椒香氣、有著淡淡香料味的印度香料茶。也可以用茶包代替 CTC 茶使用。

〔 材料 〕20 人份

- 牛奶…1.2ℓ
- 水…1ℓ
- 茶葉…15 大匙
- 砂糖…160g
- 肉桂棒…數公分長的 1 根
- （香料液）
- 溫水…200mℓ
- 小荳蔻…約 10 顆
- 生薑…約 50g
- 黑胡椒…2 大匙

香料液作法

將材料放入攪拌機中攪拌，加入溫水使攪拌更順利。香料經攪拌後，香氣和味道會更容易釋放。

1 將1ℓ 的水倒入鍋中加熱，放入茶葉15大匙。

2 放入一小撮肉桂，攪拌均勻，避免讓肉桂浮在茶葉上。煮1～2分鐘。

3 加入牛奶 1.2ℓ，煮沸後轉小火，接著放入砂糖 160g，再次煮沸。

4 加入香料液，轉大火快速煮沸。留意不要煮過頭，避免香料的香氣揮發掉。

5 以濾網或茶漏過濾。

6 再一次以更細的茶漏再過濾一次即完成。

【 RECIPE 】

3

「非洲廣場」親自傳授

肯亞香料

對於喜愛甜食的肯亞人而言，香料茶是早餐與晚餐不可或缺的飲品。據說尤其是加了黑胡椒的香料茶，還具有治療肚子痛的效果!?

〔 材料 〕5 人份

水…600mℓ
茶葉…15g
砂糖…30～40g
黑胡椒（粗粒）…撒1次
生薑 10g

1 以磨缽將生薑搗碎，盡量保留些許顆粒，不要搗出太多薑汁。在家也可以使用薑泥。

2 鍋子裡放入水600mℓ，加熱煮沸。

3 放入生薑、砂糖、黑胡椒與茶葉。

4 試味道差不多後熄火，靜置約 4 分鐘等待萃取。CTC 茶葉不會展開，因此要以茶色來判斷，最好的狀態是呈現稍微深色。

5 以茶漏過濾後即完成。肯亞式的喝法是倒到快滿出來為止，喝的時候像以酒升喝清酒一樣以吸吮方式來喝，或是倒到茶托上喝。

茶葉用這種！

「非洲廣場」直接從國外進口「肯亞山紅茶」（Mr. Kirinyaga Kenya TEA）是以 CTC 製法加工製成的 BP1 茶葉。生長在火山土壤下、以無農藥有機栽培的這種茶葉屬於阿薩姆茶，但少了紅茶特有的澀味。

POINT

肯亞的純紅茶
與奶茶的差別

純紅茶萃取時間短，避免澀味太重。煮奶茶會先放入生薑、茶葉與砂糖煮沸3～5分鐘，接著再加入牛奶。

data

African Square
アフリカンスクエアー

地址／埼玉縣川越市增形 3-2
TEL／049-241-9186
http://www.african-sq.co.jp/

MANGOROBE 川越店
マンゴロベかわごえてん

地址／埼玉縣川越市元町 2-2-1
蘭山記念美術館 F Gallery102
TEL／049-224-0858
營業時間／10:30～17:00
定休／週一
http://www.mangorobe.com/

紅茶的歷史

品嘗著美味紅茶，重讀過去的歷史

誕生於中國的茶遠渡重洋來到英國，形成一股文化而變得興盛普及。在這過程中，展開了一段壯闊的世界歷史。

1773年12月16日，美國宣示不再向英國購買茶葉，並紛紛將茶葉棄至海中。

HISTORY of TEA

右）18世紀中期王公貴族的下午茶景象。在當時，擁有昂貴的茶葉等於是財富的象徵。左）18世紀中期全盛時期的英國東印度公司。與中國之間的茶葉交易為公司賺取了龐大財富，也促使了當時大英帝國的發展。

紅茶的歷史就是一部世界歷史

歐洲的飲茶文化傳入於十七世紀，最早是由荷蘭人開始。一六〇二年，荷蘭人設立了荷蘭東印度公司，並一六〇九年在日本平戶開設商館，隔年開始將日本綠茶運回荷蘭。於是，東洋的茶碗、茶器與沖泡茶葉的方法等，在荷蘭貴族之間形成一股風潮，大家都沉迷於這種東洋的興趣之中。當時茶葉價格直逼金銀般昂貴，也因此成為名流貴族之間財力象徵的物品之一。

不久，茶葉自荷蘭傳入英國，最早於一六五七年在倫敦的咖啡店「Garraway」販售。當時是把茶葉當成健康飲品販賣。

將茶葉推向英國上流社會的關鍵人物，一般認為是凱薩琳王妃（Catherine of Braganza，一六三八～一七〇五）。一六六二年，英國查理二世國王迎娶了來自葡萄牙的凱薩琳公主為妃。當時她將茶葉帶到了英國並每天飲用，每個來拜訪她的人都被這茶給迷惑，於是「王妃的茶」逐漸成為貴婦們憧憬的物品。

到了一六八〇年代，英國東印度公司才開始大量進口茶葉。

一七〇六年，湯瑪士·唐寧脫離東印度公司自創品牌，做起販賣茶葉的生意。他也就是如今「唐寧」（TWININGS）的品牌創始人。後來從一七一七年開始，中國與英國東印度公司一直維持直接貿易的關係，到了十九世紀，紅茶終於取代過去受歡迎的綠

CHRONOLOGY ｜ 紅茶歷史年表

1602 荷蘭設立荷蘭東印度公司。

1610 荷蘭開始從中國進口茶葉。

1657 茶葉開始在英國的咖啡店販售。

1662 英國查理二世迎娶葡萄牙凱薩琳公主。成為紅茶文化向英國貴族社會滲透的契機。

1706 湯瑪士·唐寧開始從事茶葉買賣。

1717 英國東印度公司開始直接由中國進口茶葉。

1773 英國向美國殖民地公布「茶葉條例」，引發波士頓茶黨事件。

1784 理查·唐寧向英國政府提出紅茶減稅。

1823 英國羅伯特·布魯斯少校於印度發現阿薩姆種的茶樹。

1834 印度總督威廉·本廷克勳爵（William Bentinck）在印度組織成立了茶葉委員會（The Tea Committee）。

1839 世界第一個紅茶貿易公司「阿薩姆公司」（Assam Company）成立。

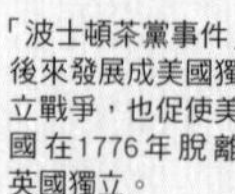
「波士頓茶黨事件」後來發展成美國獨立戰爭，也促使美國在1776年脫離英國獨立。

茶，成為所有貿易品中壓倒性的主流。

後來，紅茶的熱潮也傳到了美國。美國當時雖然也透過英國東印度公司進口紅茶，但是在重稅的嚴苛條件之下，從荷蘭進口的走私茶葉十分盛行。英國面對這種情況當然相當憤怒，便強行向美國公布各項條例，包括提高稅收等。這一點激怒了當時還是英國殖民地的美國人，於是一七七三年爆發了波士頓茶黨事件（Boston Tea Party）。一群美國人偷偷潛入三艘英國東印度公司停靠在波士頓港的商船，將所有裝有茶葉的貨箱全丟到海中，成為美國獨立戰爭的開端。

一八二三年，英國少校羅伯特・布魯斯（Robert Bruce）在印度阿薩姆地區發現了茶樹。當時印度屬於英國殖民地，這項發現等於開啟了英國獨自生產紅茶的大門，再也不必仰賴從中國進口了。後來，羅伯特的弟弟查爾斯・布魯斯（Charles Bruce）開始投入阿薩姆茶葉的栽種。

一八四九年，英國廢除《航海法》，一八六九年，蘇伊士運河正式開通，過去從中國到倫敦九十天以上的航程，如今只要二十八天就能抵達。同樣在這個時候，英國成功在印度栽種出阿薩姆茶葉，並開始在錫蘭地區種植紅茶。

一八九〇年，湯馬斯・立頓在烏巴設立品牌自有茶園，以新鮮平價的訴求讓立頓紅茶在世界舞台上站穩了腳步。過去昂貴的紅茶從此漸漸走向平價，並朝著二十世紀持續走下去。

1840年代
第七代貝德福公爵夫人安娜・瑪麗亞（Anna Maria Stanhope）催生出下午茶的文化。

1841
阿瑟・坎貝爾博士（Arthur Campbell）於大吉嶺種下中國種的茶樹。

1853
第一座茶園於印度尼爾吉里誕生。

1867
詹姆士・泰勒（James Taylor）在斯里蘭卡開始種植茶樹。

1869
蘇伊士運河開通。

1872
阿薩姆種茶樹傳入印尼爪哇，當地開始紅茶產業（根據《紅茶入門》（幻冬舍）一書，時間應為1873年）。

1876
中國的余千臣成功在祁門栽培出上等茶葉。

1887
紅茶首度傳入日本。

1890
湯馬斯・立頓在烏巴設立品牌自有茶園。

1890年代
斯里蘭卡汀普拉地區開始種植茶樹。

1903
肯亞地區開始種植茶樹。

1904
冰茶誕生於美國聖路易市所舉辦的萬國博覽會。

紅茶與茶器的美味關係

UTSUWA CATALOGUE

用喜愛的茶器享受午茶時光

當茶器融入自己的生活，每用一次就更添愛戀，喝茶的時光也會變得更開心。本章將由茶器達人親自傳授挑選茶器與搭配的方法。

攝影＝熊原美惠／加藤史人／齋藤仁

丹麥iittala「Origo」系列／
馬克杯 250mℓ／
米色

品牌「iittala」最受歡迎的「Origo」系列。彩色橫紋設計與「Teema」系列的食器也很搭配（φ80×H90㎜）

丹麥iittala「Origo」系列／
馬克杯 250mℓ／
橘色

拿鐵杯的設計也適合用來品嘗奶茶或香料茶。北歐獨特的配色讓人充滿活力，舒適的手感同樣令人著迷！（φ80×H90㎜）

SHOP

1

用北歐茶器添增餐桌氛圍

North European tableware

「北歐、生活道具店」

（ 北欧、暮らしの道具店 ）

丹麥iittala「Teema」系列／
杯、圓盤／白色

優雅色調的白色系。茶杯與圓盤也可分開使用。（茶杯φ82×H60㎜、圓盤φ143×H24㎜）

丹麥iittala「Teema」系列／
杯、圓盤／白色

充滿光澤感的酷黑色系，優美的色調更顯拿鐵的溫潤色彩。（茶杯φ82×H60㎜、圓盤φ143×H24㎜）

瑞典Stig Lindberg「SPISA RIBB」系列／
茶杯、茶托

歷久不衰的經典設計，巧克力棕色的收邊為整體更添特色。

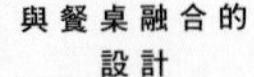

芬蘭ARABIA「Tuokio」系列／
杯、圓盤

曾出現在電影《海鷗食堂》中的24H Tuokio系列。藍色漸層設計猶如手繪般。

瑞典Stig Lindberg「ADAM」系列／
茶杯、茶托

「ADAM」系列是以聖經裡的亞當與夏娃為意象的創作作品。（茶杯ϕ105×H60㎜、茶托ϕ150×H30㎜）

瑞典Rorstrand「Mon Amie」系列／
馬克杯（復刻版）

停產近半世紀後又再度受到注目的熱銷系列，杯身上滿滿點綴著藍色花朵圖樣。（ϕ90×H100）

Patio Stone／
牛奶杯

日本美濃燒牛奶杯。一劃一劃以手工削刻出來的邊緣飾帶有著復古的氛圍。（ϕ65×H73㎜）

瑞典Rorstrand「Swedish Grace」系列／
玫瑰色

紀念品牌「Rorstrand」80週年特別推出的玫瑰色，猶如玫瑰花綻放的設計十分美麗。(ϕ90×H85㎜)

瑞典Rorstrand「Swedish Grace」系列／
／草綠色

薄荷綠般的淡雅色調，簡約設計中散發著溫暖柔和的氣息。(ϕ90×H85㎜)

Recommend

以北歐茶器開啟紅茶的更多樂趣

提到紅茶的茶器，或許很多人的印象都是典雅、高貴的器皿。這當然也是選擇之一，但難得的紅茶時刻，何不跳脫既定形式，挑選自己喜歡的茶器使用，也是一種樂趣。

美國MEDELCO／
玻璃水壺

直火耐熱玻璃水壺。壺蓋的部分設計為鳴笛，會在熱水煮沸時發出聲音。(W180×ϕ60×H195㎜)

日本HARIO／
急須壺(700㎖)

寬大的茶漏設計使茶葉更容易展開，釋放出美味。取出茶漏後茶壺可適用於微波爐。(ϕ118×H107㎜)

日本BIRDS' WORDS／
馬克杯／
黃色

黃色的柔和色調。創作家伊藤利江以自己製作的印章蓋滿整個杯身，製造出凹凸的設計手感。（ϕ82×H77㎜）

日本BIRDS' WORDS／
馬克杯／
灰綠色

陶藝家伊藤利江創作於長崎縣波佐見的瓷器馬克杯，灰綠色系充滿著成熟韻味。（ϕ82×H77㎜）

芬蘭OPA／Mari／
不銹鋼水壺（1.5ℓ）

曾出現在電影《海鷗食堂》裡的設計款水壺。外形可愛，女生也能單手使用。

丹麥KAY BOJESEN／
餐匙

來自丹麥的餐具。不僅適合咖哩、燉肉等餐點，湯匙較大的容量也正好適合用來分裝料理。（197㎜）

時尚造型的
冷泡茶專用瓶

日本HARIO／酒瓶冷泡茶壺（Filter-in-Bottle）／綠色（750mℓ）

紅酒瓶造形的過濾茶壺，瓶口處設計有過濾茶葉作用的細孔茶漏。（ϕ80×H300㎜）

DATA

北歐、生活道具店
北欧、暮らしの道具店

http://www.hokuohkurashi.com
（只有網購平台）
TEL／042-505-6850
※服務時間為週一～五 10:00～17:00
（13:30～14:30 午休）

Afternoon Tea
×SAKUZAN／
茶漏壺

「Afternoon Tea×SAKUZAN」系列的茶漏壺。粗質陶土與有韻味的釉料交織出絕妙的質感。

AT經典午茶系列／
牛奶杯

大小適中、使用方便的牛奶杯。可以裝入牛奶直接以微波爐加熱。(120mℓ)

SHOP
2

從經典到休閒設計一應俱全

For Daily and A Special Day

「Afternoon Tea LIVING」

文字LOGO馬克杯

充滿春天氣息的明亮色調，搭配著白色潑水加工的品牌 LOGO「AFTERNOONTEA」字樣的經典造形馬克杯。(280cc)

雙層玻璃
馬克杯

雙層玻璃設計裝熱飲不燙手，裝冷飲杯身不會濕答答。輕盈好握，杯口設計讓觸感更舒服。（240mℓ）

Afternoon Tea
×祥泉窯／
拿鐵碗

加入浮雕的時尚設計，與西式或日式餐點都很搭配。顏色為突顯料理的消光黑。

Afternoon Tea
×祥泉窯／
拿鐵碗

與日本美濃燒產地岐阜縣土岐市祥泉窯共同開發的系列商品，將日本黑土與釉料的質感做了完美呈現。

Afternoon Tea×SAKUZAN／
杯盤組

加入了現代感設計，散發樸實溫厚的氛圍。由岐阜縣知名窯廠設計製作，該窯廠理念為持續創作便於現代生活的器皿。

隨著使用
愈發韻味

Afternoon Tea
×SAKUZAN／
杯盤組

「Afternoon Tea×SAKUZAN」系列的咖啡杯組。低調的品牌 LOGO 烙印成為設計焦點之一。

Afternoon Tea
×祥泉窯／
馬克杯

出自擁有350年傳統技術與職人技巧的知名窯廠之手，充分發揮了日本黑土與釉料的特色。色調為溫暖的象牙色。

Afternoon Tea
×祥泉窯／
馬克杯

與日本美濃燒產地岐阜縣土岐市祥泉窯共同開發的系列商品。簡約的造形設計愈用愈順手。

牛奶鍋

質感厚實，內外鍋身完全以導熱佳的琺瑯包覆，因此保溫效果非常好，而且不易生鏽。（0.76ℓ）

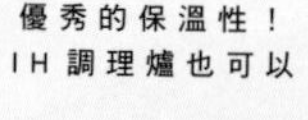

平底水壺

以海軍藍為底色，印上品牌LOGO字樣的琺瑯平底水壺。附有茶漏。可直接放入冰箱。（2.2ℓ）

Afternoon Tea × SAKUZAN／
小碟子

與日本美濃燒產地岐阜縣土岐市作山窯共同開發的系列商品。細緻的浮雕是由專門負責陶器圖樣的職人親自創作。

悄悄話木蓋馬克杯

與商品設計師根津孝太共同設計開發的木蓋馬克杯。蓋子還能作為杯墊使用。

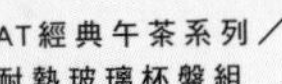

AT經典午茶系列／
耐熱玻璃杯盤組

品牌原創「經典午茶」系列中的耐熱玻璃咖啡杯組。杯身厚度足，杯寬大小適中。（200mℓ）

Recommend

茶具選擇同樣材質或色調，整體看來就有一致性

在挑選送人或自用的杯盤組時，可以自行搭配各種品牌，只要整體風格一致就可以了。大家不妨嘗試用喜愛的茶器搭配出獨一無二的專屬組合。

密封罐
（砂糖）

材質為潔白透明的白瓷，木製蓋子添增了溫潤氣息，內層有密封膠條，密封保存效果更好。（420mℓ）

密封罐
（茶葉）

設計簡約，罐身上印有淡淡的「TEA」彩色文字。（420mℓ）

分層點心架
（蛋糕架）

設計簡約，放上盤子就能用來擺放甜點、蛋糕、點心等。

Recommend

兼具設計與功能的茶器小配件

便利性的時尚茶器小物也愈來愈受歡迎。保存茶葉與砂糖的容器、沖泡美味紅茶不可或缺的沙漏，以及各式各樣的茶匙等豐富多元的茶器小物，可以讓餐桌變得更熱鬧。

茶漏

類似杯盤組一樣附有托盤的茶漏組，鍍銀的光澤充滿質感，托盤則為陶製。

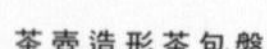

茶壺造形茶包盤

茶壺造形、用來放置茶包的茶包盤，上頭印有「A CUP OF TEA TO START YOU ON YOUR WAY」的字樣令人喜愛。

茶匙

品牌擁有非常多種類的茶匙，最經典的銀製茶匙更是不可少的單品。

點心匙

「Afternoon Tea Premium Collection」中的餐具系列。鍍金光澤優雅，造形顯得高貴典雅。

茶葉勺

舀盛茶葉的湯匙，上頭有著金黃色茶壺造形裝飾。以不需擦磨保養的錫製成。

玻璃沙漏

成就美味紅茶的關鍵在於好的茶葉與正確的沖泡時間，因此沙漏是不可少的必備道具。

以溫潤的天然木材製成

木製沙漏

最經典的沙漏造形，優雅外形讓人也想作為擺飾用。

DATA

Afternoon Tea LIVING 丸之內新丸大樓

Afternoon Tea LIVING 丸の内新丸の内ビル

地址／東京都千代田區丸之內 1-5-1 新丸之內大樓 4F
TEL ／ 03-5918-6751
營業時間／ 11:00 ～ 21:00；週日、例假日 11:00 ～ 20:00
定休／不定期
Afternoon Tea Online Shop（日本）
http://shop.afternoon-tea.net
Afternoon Tea 線上購物（台灣）
http://www.books.com.tw/web/sys_brand/0/0000005305/0/

這裡所介紹的都是創作家獨一無二的作品，每一樣都有不同的氛圍，色調和造形各有深韻。大家不妨來此尋找別具玩趣的茶器。

片口杯

存在感十足。茶葉直接放在茶壺裡沒有經過過濾，倒茶時茶葉會跑出來，因此也可當成使用水杯使用。（鶴見宗次創作）

SHOP

3

個性派創作家的作品應有盡有

The One and Only Cup

「じゅうにつき」

〔 12月 〕

杯盤組

淡淡類似柔合色調的青瓷與白瓷底色中，有著濃淡不一的裂紋。造形設計簡樸實用。（安齋新、厚子作）

Recommend

自行搭配杯子與托盤的樂趣

茶碗或酒杯等器皿，只要挑選適合的小碟子搭配，就能成為一套優雅的杯盤組。在這間由小屋房間改裝成的店面空間裡，有著包括極富古趣的杯子、古董衣、二手書等許多各式各樣的商品。

抹茶碗

雙手包覆著碗時，觸感溫潤，淡米白色的色調十分優雅，無論盛裝日式或西式飲品都很適合。大容量也可用來品嘗紅茶。（岩田圭介創作）

白瓷中
透著淡淡粉色。

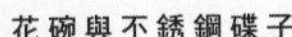

花碗與不銹鋼碟子

瓷器杯子與不銹鋼碟子不同質感的組合。（杯子：永塚夕貴創作；碟子：成田理俊創作）

DATA

12 月

じゅうにつき

地址／神奈川縣橫濱市青葉區鉄町 1265
TEL ／ 080-4163-6916
營業時間／週六、日，例假日 14:00 ～ 17:00　定休／周一至五
http://www.12tsuki.com/

FOOD DICTIONARY

紅茶

國家圖書館出版品預行編目資料

FOOD DICTIONARY 紅茶 / 枻出版社編輯部 著；
賴郁婷 譯
－初版. -- 臺北市：大鴻藝術, 2017.4
176 面；15×21 公分 -- (藝 生活；17)
ISBN 978-986-94078-3-0（平裝）

1. 茶葉 2. 製茶 3. 文化

481.64　　106004607

藝生活 017
作　　者｜枻出版社編輯部
譯　　者｜賴郁婷
責任編輯｜賴譽夫
設計排版｜L&W Workshop

主　　編｜賴譽夫
行銷公關｜羅家芳
發 行 人｜江明玉
出版、發行｜大鴻藝術股份有限公司｜大藝出版事業部
台北市 103 大同區鄭州路 87 號 11 樓之 2
電話：(02) 2559-0510　傳真：(02) 2559-0502
E-mail：service@abigart.com
總 經 銷｜高寶書版集團
台北市 114 內湖區洲子街 88 號 3F
電話：(02) 2799-2788　傳真：(02) 2799-0909
印　　刷｜韋懋實業有限公司
新北市中和區立德街 11 號 4 樓
電話：(02) 2225-1132

2017 年 4 月初版　　Printed in Taiwan
2020 年 9 月初版 3 刷
定價 320 元　　ISBN 978-986-94078-3-0

最新大藝出版書籍相關訊息與意見流通，請加入 Facebook 粉絲頁
http://www.facebook.com/abigartpress